Gebet des Baumes

Mensch, ich bin die Wärme Deines Heims
in kalten Winternächten!
Der schirmende Schatten,
wenn des Sommers Sonne brennt.
Ich bin der Dachstuhl Deines Hauses
und das Brett Deines Tisches.
Ich bin das Bett in dem Du schläfst und
das Holz aus dem Du Deine Schiffe baust.
Ich bin der Stiel Deiner Haue,
die Tür Deiner Hütte.
Ich bin das Holz Deiner Wiege und Deines Sarges.
Ich bin das Brot der Güte,
die Blume der Schönheit.
Erhöre mein Gebet:

Zerstöre mich nicht!

Unsere

Baum-Veteranen

Hartwig Goerss

Landbuch

Fotos Schutzumschlag:
Vorderseite: Die Kunigundenlinde zu Kasberg
Rückseite: Die Bavaria-Buche bei Pondorf

Foto: Haupttitel:
Die Schwedenlinde bei Kronach

Fotos:
Dr. Hinder, Seite 12
Alfred Hopf, Seite 78
Walter Zielonka, Seite 139
Titelbild und alle übrigen vom Verfasser

Landbuch-Verlag GmbH, Hannover, 1981

Farblithos: h+c inter repro ag / Zürich/Schweiz
Fotosatz: K.-K. Wäsch KG, Hannover
Druck: Wilhelm Schröer & Co., Seelze/Hannover
Buchbinderische Verarbeitung:
Landbuch-Verlag GmbH, Hannover,
Buchbinderei S.R. Büge, Celle/Westercelle

ISBN 3 7842 0247 0

Inhalt

Vorwort

Manche Erkenntnis, manche Erfahrung aus oft früher Jugend bleibt uns unauslöschlich in der Erinnerung und kann sogar unser späteres Verhalten entscheidend bestimmen. Ein solches Erlebnis hatte ich in meiner Schulzeit. Unser Geschichtslehrer am Friedrichs-Real-Gymnasium in Berlin unterrichtete uns nicht allein in Geschichte, sondern öffnete uns auch die Augen für grundsätzliche Lebensqualitäten.
Hier ging es um Otto v. Bismarck. Er gab seinem Zorn über seinen Nachfolger im Reichskanzleramt Ausdruck, weil dieser im Garten der Dienstwohnung, aus der er Bismarck eilig hinausdrängte, alte Bäume hatte fällen lassen, und er schrieb in seinem Buch „Erinnerungen und Gedanken":
„Ich kann nicht leugnen, daß mein Vertrauen in den Charakter meines Nachfolgers einen Stoß erlitten hat, seit ich erfahren habe, daß er die uralten Bäume vor der Gartenseite seiner, früher meiner Wohnung, hat abhauen lassen, welche eine erst in Jahrhunderten zu regenerierende, also unersetzbare Zierde der amtlichen Reichsgrundstücke in der Residenz bildeten. Kaiser Wilhelm I., der in dem Reichskanzlergarten glückliche Jugendtage verlebt hatte, wird im Grabe keine Ruhe haben, wenn er weiß, daß sein früherer Gardeoffizier alte Lieblingsbäume, die ihres Gleichen in Berlin und Umgebung nicht hatten, hat niederhauen lassen, um un poco più di luce zu gewinnen. Aus dieser Baumvertilgung spricht nicht ein deutscher Charakterzug. Ich würde Herrn von Caprivi manche politische Meinungsverschiedenheit eher nachsehen, als die ruchlose Zerstörung uralter Bäume ..."
Diese Einstellung Bismarcks war ein eindrucksvolles Erlebnis, das sich nicht nur bei mir, sondern sicher auch bei zahlreichen Mitschülern tief eingegraben hat. Jedenfalls hat es von da an mein Verhalten gegenüber Bäumen, ja gegenüber der ganzen Natur geprägt. Viele Handlungen, Vorträge und Veröffentlichungen, die den Schutz der Umwelt und das Erhalten von Lebensgrundlagen betreffen, resultieren aus diesem frühen Erlebnis. Dazu gehört auch dieses Buch.
Mein ursprünglicher Plan war, möglichst alle Baumveteranen unserer Bundesrepublik vorzustellen. Dieses Vorhaben erwies sich indes bald als undurchführbar. Wo sollte ich die Grenze ziehen? In welchem Alter

kann man einen Baum als Methusalem seiner Art bezeichnen, und wann ist er noch zu jung dazu? Zudem stellte sich zu meiner Freude heraus, daß es doch weit mehr Baumpatriarchen gab, als ich zunächst angenommen hatte. So konnten nicht alle alten Bäume berücksichtigt werden, obwohl sie es wert gewesen wären und obwohl so manche Gemeinde stolz auf ihr grünes Naturdenkmal ist.
Alle in diesem Buch abgebildeten Baumveteranen habe ich selbst besucht, sie fotografiert, vermessen, und in den Gemeinden forschte ich nach ihrer Geschichte. Nicht überall gab es Aufzeichnungen, nur bei manchen Bäumen kann das Alter exakt nachgewiesen werden.Es scheint mir auch ohne Belang, ob der eine oder andere Baum 920, 1000 oder 1130 Jahre alt ist, er hat eine Vielzahl von Menschengenerationen überlebt, die wir gar nicht mehr überblicken können. Wichtig ist nur, daß wir uns ihnen wieder mit Ehrfurcht nähern, wie es unsere Altvordern taten, daß wir sie bewußt zur Kenntnis nehmen und auch bereit sind, ein Opfer für ihre Erhaltung zu bringen.
Allen Behörden, Pfarrämtern, Gesellschaften, Verwaltungen und Einzelpersonen, die durch Hinweise, Erlaubnis zu Einsichten in Urkunden und Chroniken sowie deren Abdruck zum Entstehen dieses Buches beigetragen haben, danke ich herzlich. Danken müssen wir auch allen, die mit Umsicht und Bedacht, mit Sorgfalt, Verantwortungsgefühl und mit finanziellen Mitteln ermöglichten, daß wir noch heute grünende und blühende Baumrecken aus uralten Zeiten bewundern können.

Bäume sind lebensnotwendig

Alte Bäume, ehrwürdige Patriarchen, stolze Recken, geborstene und verwitterte Gestalten, sind die stummen Zeugen von Leben und Tod unzähliger Menschengenerationen, von historischen Ereignissen, Landschaftsveränderungen und von vielen Begebenheiten, die längst in Vergessenheit gerieten. Steht man vor einem solchen Riesen und berührt sacht die zerklüftete rissige Rinde, weicht plötzlich alle menschliche Überheblichkeit einer tiefen Ehrfurcht; Hast und Lärm der heutigen Zeit rücken in den Hintergrund und machen stillen Gedanken Platz. Jeder dieser alten Bäume ist eine Persönlichkeit für sich, er besitzt eine Ausstrahlung, die — so möchte man meinen — jede bösartige Handlung gegen ihn ausschließt. Vielleicht haben diejenigen, die mit einem Federstrich ein Todesurteil über einen solchen Veteranen fällten, dies vom ,,Grünen Schreibtisch'' aus getan und nie wirklich vor dem Baum gestanden — oder sie sind gedankenlos Anhänger des ,,Fortschritts gleich um welchen Preis'', nüchterne Vertreter des Wachstumswahns, denen eine Straßenabkürzung von fünf Minuten wichtiger ist als ein naturgewachsenes Denkmal aus längst vergangenen Jahrhunderten.
In den letzten Jahrzehnten mußten viele alte Bäume ihr Leben lassen, nicht allein aus Altersschwäche. Sie waren im Wege. Ihr Tod kümmerte niemanden oder wenige. Lange Listen könnte man aufstellen von Baumveteranen, die in aller Stille verschwanden, weil sie einer Straßenverbreiterung Platz machen mußten, weil sie einer neuen Wasserleitung im Weg waren, weil man den Laubabwurf ihrer großen Kronen nicht länger dulden wollte, weil sie einem Parkplatz oder einem Gebäude weichen mußten oder weil man ihnen keine Luft zum Atmen ließ und ihr empfindliches Wurzelwerk einfach zupflasterte. Man zuckte nur mit den Achseln.
Erst in jüngster Zeit scheint sich das Gewissen der Menschen wieder zu regen. Man kämpft um die Erhaltung alter Bäume und fühlt, daß nicht alles dem modernen Industriezeitalter geopfert werden darf. Bäume verkörpern ein Ordnungsprinzip, eine Standhaftigkeit, eine Zähigkeit, einen Lebenswillen und eine Redlichkeit, die wieder Ehrfurcht erweckt. Luther empfahl einmal seinen Theologiestudenten in Wittenberg, in den Wald zu gehen, damit sie die Ehrfurcht kennenlernten.
Oftmals haben es Bäume tausend und mehr Jahre verstanden, ihre Umwelt günstig zu beeinflussen und sich selbst damit von Beeinträchtigungen freizuhalten. Das fühlen nicht nur wir Menschen heute, sondern auch unsere Altvordern aus vorchristlicher Zeit haben das schon erfahren und gekannt. Der große alte Baum spielt in den Religionen und Sagen vieler Völker eine große Rolle, seien es nun Eichen, Eschen, Zedern, Palmen oder Platanen. Da ist der ,,Baum der Erkenntnis'' in der biblischen Paradiesgeschichte, es gibt den ,,Baum der Wahrheit'' der Göttin Ischtar, den ,,Baum der Unsterblichkeit'' in Indien, den Baum der Hesperiden mit den goldenen Früchten in der griechi-

schen Mythologie und bei den nordischen Völkern die riesige immergrüne Weltesche Yggdrasil.
Auch in späterer Zeit sind die Menschen immer wieder zu den alten Bäumen gegangen, als besäßen die stummen Riesen ihr Vertrauen. Sie haben dort ihre Versammlungen abgehalten und über Krieg und Frieden entschieden, sie wählten den Ort unter dem alten Baum, um Recht zu sprechen, und hängten wohl auch Missetäter an ihnen auf. Man hat Gottesdienste bei alten Bäumen zelebriert, die jungen Paare vermählt, der Ahnen gedacht und die Toten in ihrer Nähe begraben. Wege und Straßen konnte man niemals über Plätze führen, wo alte Bäume standen, und keine Hand hätte sich gerührt, sie zu fällen.
Viele Volksbräuche sind lebendig, die auf die Verehrung der Bäume zurückzuführen sind, wie der Maibaum, die Birkenbäumchen zu Pfingsten oder auch unser Weihnachtsbaum. Bäume sind weltweites Symbol für das Gute, für Fruchtbarkeit, Erfolg und Überdauern. Mit dem Pflanzen eines Baumes gab man wichtigen Ereignissen eine besondere Bedeutung, die Erinnerung daran sollte in ferne Zukunft weitergetragen werden, ähnlich wie beim Errichten von Gedenksteinen. Und sieht man nicht auch heute noch, daß Politiker oder hochgestellte Persönlichkeiten aus aller Welt in oft spektakulärer Weise einen Baum in die Erde setzen? Jeder betrachtet es als Ehre, für eine solche symbolhafte Handlung den Spaten in die Hand nehmen zu dürfen.
Unsere alten Bäume sind also früher häufig aus besonderem Anlaß gepflanzt worden, und es wäre völlig undenkbar gewesen, einen solchen Baum zu opfern. Erst ein technisches industrialisiertes Zeitalter wie das unsere macht Würgegriffe gegen Bäume möglich. Man plant nicht nur, man vollzieht auch. Kurvenbegradigungen, Straßenverbreiterungen, Autobahnbauten, Umgehungsstraßen, Flughäfen, Hochhäuser, Fabriken, Mülldeponien und Wohnviertel entstehen u. a. ohne Rücksicht auf diese Lebewesen. Einzelne Bäume, sogar ganze Wälder werden abgeschlagen und in betonierte Flächen

Viele Hektar Wald müssen dem Straßenbau weichen, und fruchtbare Erde wird zugeschüttet.

Karst — eine zerstörte Landschaft, in der tierisches und pflanzliches Leben auf ein Minimum beschränkt bleibt.

Ehemals sahen Bäche und Flüßchen so aus, es gab eine heile Pflanzen- und Tierwelt.

umgewandelt. Man denkt nicht daran, was die Bäume geleistet haben und weiterhin an Lebensvoraussetzungen den Menschen hätten liefern können. Man ist nur dem Wahn verfallen, daß alles machbar sei und zerstört dabei die natürliche Umwelt.
An dieser Stelle könnte viel über den Raubbau an Wäldern gesagt werden, der in allen Erdteilen unvermindert weitergeht. Wir haben zahlreiche Beispiele dafür, daß menschliche Kulturen an den Schäden zugrunde gingen, die sie ihren Wäldern zufügten. Dazu gehören vermutlich die Inkas in Hoch-Peru, dazu gehört u. a. Ägypten, heute noch sehen wir die Folgen von Venedigs Baumfrevel in Jugoslavien: der Karst, ein Gebirge im Hinterland Triests, wurde zum erschreckenden Wortbegriff für eine zerstörte Landschaft.
Das Fernsehen zeigt uns heute Bilder vom Abschlagen letzter Krüppelbäume in der Sahelzone Afrikas, gleiche Bilder sehen wir aus Asien, in den USA kreischen die Motorsägen ohne Unterlaß und im Amazonasgebiet fressen sich gewaltige Maschinen in die noch unübersehbaren Wälder. Bei uns wird sogar der Uferbewuchs von Bächen und Flüßchen rigoros abgehackt, Bäume und Büsche, deren Wurzeln das Erdreich festhielten, das nun künstlich befestigt werden muß. Die Mäander der natürlichen Wasserläufe hat man begradigt mit dem Erfolg, daß das Wasser um so schneller den Meeren zuströmt. Erst jetzt scheint man sich

Heute hat man die Mäander der Wasserläufe begradigt und den Uferbewuchs abgehackt. Dieses trostlose Bild ist der Erfolg.

Ohne höhere Luftfeuchtigkeit kommt es in Wüstengebieten nicht zu Niederschlägen, selbst wenn Regenwolken darüber hinwegziehen. Es fehlt die Wasserverdunstung der Wälder.

dessen bewußt zu werden, daß auch bei uns Wasser nicht unerschöpflich fließt. Es entstanden trostlose Bilder, wie sie hier als Beispiele gezeigt werden.

Ohne Pflanzen, besonders aber ohne Bäume, könnten Mensch und Tier nicht leben. Wald schützt vor Wind, vermindert Verdunstung und sorgt für Luftfeuchtigkeit und Regen. Im Volksmund heißt es „Der Wald melkt die Wolken''. Dort, wo es keine Wälder gibt und sich allmählich eine sehr niedrige relative Luftfeuchtigkeit gebildet hat, besteht keine Neigung zu Niederschlägen, selbst dann nicht, wenn Regenwolken über das Land getrieben werden. Eine Vernichtung des Waldes führt unweigerlich zu Klimaveränderungen. Er speichert das vom Himmel kommende Naß im Grundwasser, gleichzeitig filtert und reinigt er es. Wälder verhindern Wind- und Wassererosionen, sorgen aber vor allem für Sauerstoff und saubere Luft.

In diesem Buch soll indes nicht von Wäldern, sondern von unseren großen alten Bäumen die Rede sein. Sie

Die Erosion geht der Verkarstung voran. Tiefe Einschnitte haben die Hänge zerrissen, hier und dort zeigt sich der nackte Fels des Grundgesteins.

sind nicht allein verehrungswürdig ob ihres hohen Alters, sie sprechen nicht nur unseren Sinn für Ästhetik an, sie verbessern ebenfalls unsere Lebensqualität — wenn auch in kleinerem Maßstab als ein ganzer Wald. Einzelbäume zählen mit zu den Sauerstofflieferanten.
Nach neuesten Erkenntnissen halten sich auf unserer Erde die sauerstoffliefernden und sauerstoffverbrauchenden Prozesse in der Natur die Waage. Das Übel ist jedoch, daß wir Menschen ständig mehr Maschinen erfinden oder Prozesse fördern, die immer mehr Sauerstoff fressen. Der menschliche Körper benötigt im Durchschnitt pro Tag 500 g Sauerstoff, ein Auto verbraucht zum Verbrennen des Benzins auf einer Strekke von nur zwei Kilometern allein 1 kg. Ein einziger Baum produziert indes täglich das Mehrfache und ist somit Sauerstofflieferant für eine ganze Reihe von Menschen. Wiesen oder Ackerflächen können hier bei weitem nicht mithalten. Das wird leicht verständlich, wenn man die Masse des Blattwerks — ein großer Baum hat viele Hunderttausende von Blättern mit Milliarden von Spaltöffnungen — zu dem Raum in Beziehung setzt, den dieser Baum einnimmt. Gras oder landwirtschaftliche Früchte wie etwa Kartoffeln erreichen niemals die gleiche Blattfläche. Man kann also sagen, daß z. B. in einer Stadt einige große Bäume für unseren Sauerstoffbedarf mehr tun als große Rasenflächen.
Sei es um dieser nüchternen Nutzenbetrachtung willen, sei es wegen der Schönheit unserer alten Bäume oder weil sie als Geschichts- und Naturdenkmäler geachtet werden — wir sollten und müssen eine schützende Hand über sie halten. Von den schönsten und ältesten grünen Giganten in unserem Lande soll in diesem Buch die Rede sein.

Unten im Tal, wo im Flußbett der fortgeschwemmte Verwitterungsboden abgelagert wurde, haben die Flüsse kein Bett mehr und treten bei jedem Gewitterregen über die Ufer — oder müssen wiederum begradigt werden.

Pflanz einen Baum,
und kannst du auch nicht ahnen,
wer einst in seinem Schatten tanzt,
bedenk, o Mensch, es haben deine Ahnen,
eh sie dich kannten, auch für dich gepflanzt.

Über unsere langlebigen Baumarten

Eichen, Linden, Eiben, Ulmen, Lärchen, Zirbelkiefern und Eßkastanien sind die Bäume, die in unseren Breiten ein besonders hohes Alter erreichen können. Natürlich werden einzelne Vertreter anderer Baumfamilien und -gattungen ebenfalls recht alt, Fichten, Tannen, Kiefern und Buchen. Aber sie bilden eine Ausnahme und ihre Langlebigkeit ist meistens auf besonders günstige Umstände zurückzuführen.

Die Eiche

In Deutschland steht, was hohes Alter, große Krone, beachtliche Höhe, Dauerhaftigkeit und weite Verbreitung anbelangt, die Eiche an der Spitze. Eichen sind mit rund 500 Arten auf der Erde vertreten, davon sind aber nur zwei bei uns heimisch, die Stiel- oder Sommereiche *(Quercus robur)* mit gestielten Früchten und die Trauben- oder Wintereiche *(Quercus petraea),* deren Eicheln auf wesentlich kürzeren Stielen in kleinen Büscheln zusammenstehen.

Eiche bei Oberaula

Es gab bei uns in frühgeschichtlicher Zeit viele Eichenwälder, daher lag es für die Germanen nahe, diese Bäume wegen ihrer majestätischen Größe, wegen ihrer Widerstandskraft und auch, weil sie häufig vom Blitz getroffen wurden, für heiligzuhalten. Die Eiche war Donar, dem Gott des Donners und der Fruchtbarkeit, geweiht und wurde zum Symbol für Kraft und Ruhm. Eichenblatt und Eichelfrüchte verwendete man früher wie auch heute in der Heraldik, als Embleme an Uniformen oder auf Urkunden, sportliche Siegeskränze werden aus Eichenblättern geflochten.

Eichbäume sind trutzige Gesellen. Stürmen und Waldbränden, Hitze und Trockenheit, Kälte und Eisanhang, Insektenfraß und Blitzeinschlägen halten sie stand wie kein anderer Baum, und ihr Holz ist fast unvergänglich, hart und zäh. Ihre Kronen mit dem weiten Winkel von Stamm zu Ast und Ast zu Zweig lassen zahlreiche andere kleinere Bäume wie auch Sträucher, Kräuter, Gräser und Pilze unter sich gedeihen. In den lichten Eichenwäldern entfaltet sich eine reiche Pflanzenwelt, und vielen Tieren sind sie ebenfalls Heimstatt und Nahrungsquelle. Zahlreiche Exemplare dieser herrlichen Baumart sind uns aus längst vergangenen Zeiten erhalten geblieben, teils in Wäldern, teils als Solitärpflanzen. Es scheint, als ob sogar in unserem recht nüchternen Jahrhundert immer noch eine gewisse Scheu und Ehrfurcht vorhanden ist, die Motorsäge und Axt vor einer alten Eiche Halt machen lassen. Und wenn heute ein Baum aus besonders

Auf alten Höfen im norddeutschen Raum findet man oft noch viele Eichen.

Die Gerichtslinde bei Amönau Krs. Marburg

Teilansicht der Linde in Fischborn/Vogelsberg

feierlichem Anlaß gepflanzt wird, ist es meistens eine Eiche.
Im gesamten norddeutschen Raum spielt die Eiche als Hofbaum eine bedeutende Rolle. Auf den alten Höfen findet man eine Vielzahl von ihnen um die Wohnhäuser, Scheunen und Ställe.

Die Linde

Zwei Arten aus der großen Familie der Lindengewächse sind bei uns zu Hause, die Winterlinde *(Tilia cordata)* und die Sommerlinde *(Tilia platyphylla).* Winterlinden haben kleinere, blaugrüne Blätter und rostbraune Haare in den Winkeln der Blattnerven. Sie sind reichblütiger als Sommerlinden und blühen etwa 14 Tage später. Ihre Früchte sind klein, kugelig und von rötlicher Farbe. Die Sommerlinde hat größere, graugrüne Blätter mit weißen Haaren in den Nervenwinkeln und längliche gerippte Früchte. Sie wird als raschwüchsiger bezeichnet.
Als einzige Baumart in unseren Breiten greift die Linde zu einer verblüffenden Selbsthilfe, wenn sie alt oder verletzt wird. Bei Linden bildet sich im Stamm kein fester Kern aus abgestorbenen Gefäßen und Festigungszellen wie bei anderen Baumarten. Ihr innerer Teil zerfällt mit fortschreitendem Alter sehr rasch. Um zu überleben, schiebt sie von den Ästen her Stränge wie Luftwurzeln innerhalb des hohlen Stammes nach unten. Diese Innenwurzeln verankern sich im Boden, mit ihrer Hilfe versorgt sich die Linde mit den notwendigen Nährstoffen und kann so sehr alt werden. Das Bild der Linde in Fischborn, südlich vom Vogelsberg in Hessen gelegen, zeigt dies deutlich. Ein vom Sturm abgebrochener Ast hatte auch ein Stück des Stammes ausgebrochen und machte damit die eigenartigen Gebilde im Stamminnern sichtbar.
Die Kelten bevorzugten Winterlinden für ihre Kultstätten. In Hainen umstanden diese Bäume die heiligen Plätze. Der verehrte Einzelbaum dagegen war eine raschwüchsige und großblättrige Sommerlinde, heute die schöne alte Dorflinde, die man noch vielerorts findet. Sommerlinden werden auch älter, über 1000 Jahre alt, und haben ein lange anhaltendes Dickenwachstum. Ihr Holz ist weicher und leichter als das der Winterlinde. Beide Arten liefern ein vorzügliches weißes, nicht spaltbares Schnitzholz.
Lindenblüten sind nektarreich und verströmen einen zauberhaften süßen Duft, der viele Insekten anlockt. Lindenblütenhonig wird besonders geschätzt, und die Blüten selbst verwendet man als Teeaufguß gegen Erkältungskrankheiten.
Sicher nicht dieser Nutzen macht die Linde allenthalben so beliebt, daß sie immer wieder, vor allem als Einzelbaum, angepflanzt wird. Es ist eventuell auch die vielleicht unbewußte Erinnerung daran, daß dieser Baum einst heilig und der Göttin Freya geweiht war. Gefühlsmäßig strahlt die Eiche Majestät und Kraft aus, während die Linde, auch eine große und alte, heimelig und vertraut wirkt. Von unseren schönen Linden mit ihrem manchmal fast betäubenden Duft gibt es denn auch besonders viele Lieder und Gedichte, in Orts- und Straßennamen finden wir die Linde ebenfalls häufig wieder, sogar in Mädchennamen.
Eine erfreuliche Nachricht: Am „Tag des Baumes" 1978 setzten der Kompanie-Chef und der Hauptfeldwebel einer Bundeswehreinheit in Marburg vor der Tannenbergkaserne eine Linde. Die Einheit hat die Patenschaft für diesen jungen Baum übernommen und will ihn schützen und pfle-

gen. Dies ist nur ein Beispiel. Der be grüßenswerte Mahn- und Erinnerungstag hat für unsere stummen grünen Begleiter sicher schon viel Gutes bewirkt.

Die Eibe

Eiben *(Taxus baccata)* findet man hierzulande fast nur noch in Parks und Gärten, oft in den verschiedensten Zuchtformen. Ihre Beliebtheit verdanken sie neben ihrer immergrünen Benadelung vor allem der Tatsache, daß sie jeden Schnitt vertragen und auch im Schatten gut gedeihen. Auf Friedhöfen werden sie wegen ihrer dunkelgrünen Farbe und des ernsten Ausdrucks ebenfalls gern angepflanzt.
In freier Natur dagegen sind sie sehr selten geworden. Ihr Nutzen für die Menschen ist heute geringer. In vor- und frühgeschichtlicher Zeit war das ganz anders. Eibenholz wurde über alles geschätzt, seine unverwüstliche Haltbarkeit — es ist noch unvergänglicher als Eichenholz —, dazu seine Elastizität machten es zu einem idealen Werkstoff für Pfeil und Bogen, Armbrustschäfte, Löffel, Schüsseln, Kämme und Rechenzähne. Es diente später auch für feine Tischlerarbeiten, und sicher hat die rote Holzfarbe, die bei Behandlung mit Eisensalzen schwarz wie Ebenholz wird, eine Rolle gespielt.
Wegen des langsamen Wuchses mit sehr schmalen Jahresringen und der damit verbundenen geringen Holzmenge, die der einzelne Stamm letztlich lieferte, verschwanden die Eiben nach und nach aus unseren Wirtschaftswäldern. Die besonderen Eigenschaften des Eibenholzes können heute durch Kunststoffe ersetzt werden.
Zäh ist die Eibe in jeder Hinsicht, das gilt auch für die Langlebigkeit. Wirkliche Methusalems unter unseren Bäumen sind Eiben, sie werden noch wesentlich älter als Eichen, 2 000 Jahre sind keine Seltenheit, sofern man sie nur wachsen läßt. Die dunkelgrünen Nadeln sind tannenähnlich, jedoch ohne weiße Streifen an der Unterseite. Sie enthalten, ebenso wie das Holz und die Samen, den Giftstoff Taxin, der den Menschen und vielen Tierarten bei Genuß schädlich werden kann, weil er Herz und Atmungsorgane lähmt. Das Fleisch der leuchtend roten Scheinbeeren — Eiben tragen keine Zapfen — ist davon frei. Der Taxus, wie man diesen Baum vor allem im Gartenbau meistens nennt, wird nur mittelgroß, etwa 10—20 Meter hoch und ist zweihäusig. Das bedeutet, daß es männliche und weibliche Exemplare gibt. Er bildet reichlich Stockausschlag und treibt bei Verletzungen auch an der Stammbasis Schößlinge. Sie können im Laufe der Jahre miteinander verwachsen, deshalb sind genaue Altersbestimmungen bei Eiben oft schwer.

Eibe in Xanten

Die Ulme

Von den 18 Arten, die es in der gemäßigten Zone der nördlichen Erdhalbkugel gibt, finden wir drei bei uns in Deutschland, die Feldulme, örtlich auch Rusche genannt *(Ulmus campestris)*, die Bergulme, die man beim Möbelkauf meist als Rüster kennt *(Ulmus glabra)*, und die Flatterulme, die in manchen Gegenden Rheinhessens als Effe oder Iffe bezeichnet wird *(Ulmus effusa)*. Alle drei wachsen zu prächtigen, stattlichen Bäumen heran mit hohen, weit ausladenden Kronen und einer Durchschnittshöhe von etwa 30 Metern.
Die Feldulme ist am weitesten verbreitet. Für ein gutes Wachstum braucht sie allerdings nahrhaften Boden. Früher wurde sie gern als Solitärpflanze auf Bauernhöfen gehalten,

Ulme bei Anhausen in der Nähe von Augsburg mit Schlupfkapelle

Lärche im Hessischen Forstamt Schlitz. Die höchsten Lärchen messen hier 53 m.

auch als Alleebaum war sie geschätzt. Sie kann recht alt werden. Schöne Bergulmen stehen häufig in großen Parks, vor allem die zugehörigen Gartenformen. Die eigentliche Heimat der Flatterulmen scheint der Auewald zu sein, dort ist sie noch recht häufig anzutreffen und zeigt auch den besten Wuchs. Allerdings sind die meisten Auewälder bei uns schon verschwunden. Flatterulmen erreichen nicht ganz die Höhe der beiden anderen Arten.

Für Laien sind die Ulmenarten nicht leicht zu unterscheiden, viele erkennen die Ulme nicht einmal als solche. Hinzu kommt, daß die Blätter in Größe und Form an den verschiedenen Teilen eines Baumes recht unterschiedlich sein können. Am besten erkennt man das gesägte oder gezähnte Ulmenblatt an seiner unsymmetrischen Basis, es sieht ,,schief'' aus, vereinfacht ausgedrückt: das Blatt beginnt sich an einer Stielseite früher auszubreiten als an der anderen und hat deshalb an dieser Seite einige Blattnerven mehr.

Zu früheren Zeiten hat es in Deutschland wie auch im übrigen Europa wahrscheinlich viel mehr dieser behäbig wirkenden Bäume gegeben, zahlreiche Orts- und Landschaftsnamen weisen darauf hin. Die Bezeichnung ,,Effe'' oder ,,Iffe'' ist vermutlich althochdeutschen Ursprungs und führt zu ,,Acker'' oder ,,Arbeit''. Warum die Ulme in der Mythologie oft mit Trauer in Verbindung gebracht wird, läßt sich nicht mehr sagen. So wurde das Tor zur Unterwelt in altgriechischer Vorstellung von einer Ulme bewacht (Äneas), in der Ilias wird das Grab des von Achill getöteten Aetion mit Ulmen bepflanzt, und auch auf den griechischen Totenhainen standen Ulmen.

Leider sind unsere Ulmen seit 1921 von einem Holzpilz *(Ophiostoma ulmi)* befallen, der mit einem Borkenkäfer in das Splintholz eindringt und den Baum in wenigen Jahren zum Absterben bringt. Ganze Ulmenbestände in unseren Städten und Dörfern sind durch ihn schon dahingerafft worden. Man sollte auf alle Fälle versuchen, den schönen und wertvollen alten Hofbaum mit chemischen Mitteln zu behandeln, wenn er die ersten Krankheitserscheinungen zeigt. Besonders wichtig ist eine Bodenlüftung und Düngung mit Alginuren, keinesfalls mit Mist, Jauche oder Kunstdüngung.

Die Lärche

Von den zehn Lärchenarten, die in der nördlichen gemäßigten Zone vorkommen, spielen bei uns nur zwei eine vornehmliche Rolle, die Europäische Lärche *(Larix decidua)* und eine japanische Schwester *(Larix leptolepis),* die aber ein maritimes Klima bevorzugt und daher dürreempfindlich ist. Die Alpen sind das natürliche Verbreitungsgebiet der Europäischen Lärchen. Sie wachsen dort bis zur Baumgrenze bei 2000 Meter Höhe. Starke Pfahlwurzeln mit kräftigen Seitentrieben geben diesen Bäumen eine ungeheure Standfestigkeit. Da die Äste durch die Gewalt der Stürme eher brechen, als daß der Baum geworfen wird, findet man namentlich in den hohen Lagen der Alpen arg zerzauste, herrlich anzuschauende Lärchen-Veteranen, zumal sie sehr alt werden können. In diesem Buch allerdings wird keine vorgestellt, weil die wirklich alten jenseits unserer Grenzen stehen. In Ausnahmefällen können sie ein Alter von 600—700 Jahren überschreiten, wie etwa die Ur-Lärchen im Ultental in Südtirol. Dabei erreichen sie Höhen von fast 50 Metern.

Lärchenholz wird wegen seiner Dauerhaftigkeit gern im Wasser- und Bergbau sowie als Pfähle verwendet, seine schöne gelbe Farbe im Splint

und das Braunrot im Kern ließen es für Möbel und Wandtäfelungen beliebt werden.
Voller Zauber aber sind lebende Lärchen in freier Natur. Im Frühjahr treiben sie hellgrüne weiche, nicht stechende Nadeln, die wie zarte Schleier in der Waldlandschaft aussehen, und im Herbst, wenn die Nadeln sich goldgelb verfärben, geht ein strahlendes Leuchten von ihnen aus. Im Winter allerdings stehen die hohen schlanken Lärchen kahl wie Laubbäume.

Die Zirbelkiefer

Sie wird auch Arve *(Pinus cembra)* genannt und ist ein Baum der Alpen und der Karpathen. Große forstlich genutzte Reinbestände wie bei der Gemeinen Kiefer gibt es bei uns von ihr nicht, man sieht sie dagegen oft als schöne, auch sturmzerfetzte Einzelexemplare im Hochgebirge. Ihre Sturmfestigkeit macht sie zu einem wichtigen Baum der Bannwälder, der Schutzforste. Sie wächst sehr langsam, baut sich aber gleichmäßig auf und wird selten 25 Meter hoch. Die Nadeln stehen zu fünft und sind außen glänzend grün, auf der Innenseite dagegen blauweiß. Diese doppelte Färbung sieht wunderhübsch aus und läßt den Baum im Sonnenlicht manchmal silbrig glitzern. Arven können bis zu 1000 Jahre alt werden. Das Holz wird wegen seiner Güte und seines Wohlgeruchs sehr geschätzt, vor allem als Möbelholz und für den Innenausbau der Wohnräume. Es ist hell und hat sehr dunkle Astknoten, den würzigen Harzgeruch kann man deutlich wahrnehmen. Arvenholz wird ebenfalls für Schnitzarbeiten verwendet, weil es nicht nur dauerhaft, sondern für diese Zwecke auch weich genug ist. Die Samen des Baumes kann man essen, in den Alpen kommen sie hier und da noch als „Zirbelnüsse" auf den Markt.
Auch als Gartenbaum fand die Zirbelkiefer viele Freunde. Sie wächst sehr langsam, hat eine schöne gleichmäßige Form, ein freundliches Grün und lädt mit den Zweigen nicht so weit aus, sondern bleibt verhältnismäßig schmal, alles Vorteile, die ein Gartenbesitzer zu schätzen weiß.

Zirbelkiefer oder Arve

Die Eßkastanie

Unter einer Kastanie stellt man sich bei uns meist die Roßkastanie vor, weil sie häufig in Parks oder als Alleebaum zu sehen ist. Roßkastanien indes sind eine Gattung für sich und verhältnismäßig kurzlebig. Es gibt zwar 300jährige Roßkastanien, ihr Durchschnittsalter wird aber nur mit 150 Jahren angegeben.
Die Eßkastanie *(Castanea sativa)*, manchmal auch Edelkastanie genannt, ist im Mittelmeergebiet zu Hause, wird aber auch in den wärmeren Gebieten Deutschlands, wo Weinbau betrieben wird, häufig angetroffen. Sie soll schon vor der Eiszeit nördlich der Alpen verbreitet gewesen sein (Pfahlbauten). Später haben

Eßkastanie in Kassel, Bergpark Wilhelmshöhe

Links: Arve oder Zirbelkiefer bei der Kassler Hütte oberhalb Taufers/Südtirol

Fichte bei Altenkirchen, Krs. Wetzlar, „Preußenfichte" genannt

die Römer sie wieder eingeführt. Sie liebt mineralisch kräftige Böden, ist licht- und wärmebedürftig, meidet Nässe, braucht aber mehr als 600 mm Niederschlag im Jahr.
Unter günstigen Bedingungen wachsen Eßkastanien zu gewaltigen Bäumen heran, sowohl in der Breite wie auch in der Höhe, dazu werden sie mindestens doppelt so alt wie Roßkastanien. Es wird berichtet, daß eine Eßkastanie am Ostabhang des Ätnas die größte Baummasse entwickelte, die wohl je bei einem Baum in Europa festgestellt wurde. Sie soll noch im vorigen Jahrhundert lebendig gewesen sein und in Brusthöhe einen Umfang von 61 Metern — einschließlich der bereits abgestorbenen Teile — gehabt haben! Der Baum soll, so wird ferner berichtet, nicht etwa seinem hohen Alter zum Opfer gefallen sein, sondern Souvenir-Jägern, die sich Zweige und Holzteile von diesem Baumveteranen als Andenken mitnahmen.
Schönheit und Nützlichkeit der Eßkastanie halten sich die Waage. Ihr Holz dient vielerlei Zwecken, daneben werden die Früchte, Maronen, sehr geschätzt. In Italien werden, wenngleich rückläufig, heute noch jährlich über drei Millionen Doppelzentner geerntet.
Leider sind die Eßkastanien durch zwei Pilze stark bedroht. Einer davon wurde erst vor 40 Jahren eingeschleppt.

Fichten auf einer Windwurffläche

Die Fichte

Unser deutscher Weihnachtsbaum, der Tannenbaum, ist meistens eine Fichte und keine Tanne. Dies ist aber nur wenigen klar; viele können die beiden Baumarten nicht unterscheiden, und wenn die Fichte wegen ihrer rötlichen Rinde manchmal auch Rottanne genannt wird, ist die Verwirrung komplett. Die Triebe der Gemeinen Fichte *(Picea abies)* sind nach beiden Seiten und obenauf hart und steif benadelt, die Nadeln der Weißtanne, unserer häufigsten Tannenart, sind lederartig, kammförmig gescheitelt und stehen in mehreren Lagen nur an den beiden Seiten des Triebes. An den Zapfen kann man beide Koniferen besonders leicht unterscheiden. Die der Fichte hängen herab und fallen als ganze Zapfen ab, oft noch in grünem Zustand; bei der Tanne stehen die Zapfen zu mehreren aufrecht auf den obersten Zweigen, sie zerfallen am Baum. Die heilen abgefallenen „Tannenzapfen", die wir in unseren Wäldern unter den Bäumen finden, stammen also nicht von einer Tanne, sondern von einer Fichte — oder einer Kiefer, aber diese haben eine andere Form.
Über 50 Meter hoch kann eine Fichte werden. Sie gehört damit zu den höchsten Bäumen in Europa. Der elegante schlanke, wipfelschäftige Baum hat in der Jugend eine feinschuppige Rinde, die sich im Alter oftmals zur „Pfennigborke" wandelt. In der Jugend wird sie gern als Weihnachtsbaum genutzt, im Stangenholzalter als Bauholz und zu Stangen mit vielerlei Verwendungsmöglichkei-

ten, im Altholzalter ist die Fichte der wichtigste Lieferant für den gesamten deutschen Holzmarkt.
Stürme bedeuten für sie als Flachwurzler eine große Gefahr, besonders, wenn ältere Bestände plötzlich an einer Seite freigestellt wurden und die einzelnen Stämme sich nicht rechtzeitig durch stärkere Wurzelverankerung auf den Winddruck einstellen konnten. Dann entstehen Windwürfe größeren Ausmaßes, deren Aufarbeitung sehr viel Geld kostet.
Die Fichte stellt geringe Ansprüche an Bodenqualität und Wärme und ist daher in hohen Gebirgslagen wie auch weit im Norden in Finnland und Rußland zu finden. Sie verlangt nur reichlichen Niederschlag, man nennt sie daher den „Säufer unter den Nadelbäumen". Ihr Flächenanteil am deutschen Wald beträgt etwa 36%.
Diese Bevorzugung im Anbau gegenüber dem Laubholz ist vor allem darauf zurückzuführen, daß ihre Hiebreife bereits mit 80 bis 100 Jahren eintritt, früher als bei allen anderen Baumgattungen. Die großen monotonen Fichtenwälder genießen in ökologischer Hinsicht keinen guten Ruf. Laubhölzer, vor allem Mischbestände, können mit vielen Vorteilen aufwarten: Wasserspeicherung, Niederschlagsneigung, Bodenerhaltung, Erosionsverhinderung, Waldbrandsicherheit, Kulturverbilligung durch Naturverjüngung und höheren Erholungswert. Nur in bezug auf schnellen Holzertrag ist die Fichte nicht zu schlagen. Wir sollten aber die Natur nicht bezahlen lassen, was wir durch unsere Vorstellungen vom ständigen Wachstum verschuldet haben.

Die Tanne

Die bei uns forstlich genutzte und in freier Natur am häufigsten zu findende Tannenart ist die Weißtanne (*Abies alba*). Sie wird nicht ganz so hoch wie die Fichte, dennoch gibt es stattliche Exemplare, die alle umstehenden Laubbäume weithin überragen. Die höchsten Tannen sah ich in Gersbach, Schwarzwald, und im Forstamt Zwiesel im Bayerischen Wald. Sie hatten eine Höhe von 49 Metern. Ihre silbergraue Rinde gab ihr bei uns den Namen Weißtanne, in manchen anderen europäischen Ländern nennt man sie Silbertanne. Ihr kerzengerader Wuchs mit den symmetrisch angeordneten Zweigen und ihre dunkelgrüne Benadelung machen sie zu einem unserer schönsten Waldbäume. In forstlich genutzten Beständen kann sie allerdings ihre Schönheit nicht recht entfalten, die Bäume stehen eng, es mangelt ihnen an Licht. So entwickeln sie zwar hohe gerade Schäfte, die unteren Äste sterben aber ab. Nur einzeln oder am Waldrand stehende Bäume behalten ihre tief ausladenden Äste und bieten vielen Tierarten Schutz. Besonders in Gebieten, wo es noch Auerwild gibt, begrüßt man solche Tannen, weil die sehr empfindlichen Küken unter den Ästen stets ein trockenes Plätzchen finden.
Die Anordnung der Nadeln wurde im Abschnitt über die Fichten beschrieben. An den Boden stellt die Tanne etwas höhere Ansprüche als die Fichte, verlangt aber auch viel Feuchtigkeit. Bei guten Wachstumsbedingungen kann sie das stattliche Alter von 800 Jahren erreichen, das kommt aber bei dieser forstlich stark genutzten Baumart nicht so häufig vor wie etwa bei Linden. Ihr Verbreitungsgebiet ist mehr nach Süden gerichtet, wir finden sie im Schwarzwald, in den Alpen, in Frankreich, in den Pyrenäen und noch weiter südlich bis zu den Gebirgen des Balkan. In Gärten und Parks sieht man sie verhältnismäßig selten. Hier haben andere Arten ihren Einzug gehalten, vornehmlich nicht heimische wie die

Tanne bei Niederwinden/ Schwarzwald. Sie trägt den Namen „König vom Erzenwald".

Kiefern bei Friedenweiler/ Schwarzwald. 400jährige, älteste Kiefern Mitteleuropas.

Solitär-Buche bei Schwarzenborn/Knüll

Nordmannstanne *(A. nordmanniana)* aus dem Kaukasus, die Veitchs-Tanne *(A. veitchii)* aus Japan, die Riesentanne *(A. grandis)* und die Colorado-Tanne *(A. concolor)* aus den USA, die Griechische Tanne *(A. cephalonica)*, die Korea-Tanne *(A. koreana)* und viele andere.

Die Kiefer

Etwa 80 verschiedene Kiefernarten gibt es auf der nördlichen Erdhalbkugel, hier sind sie heimisch. Die Pinus-Wälder der Südhalbkugel wurden künstlich angelegt, die Bäume haben sich dort teilweise aber sehr gut entwickelt. Für alle Arten gilt die Nadelzahl als erste Orientierungshilfe bei der Bestimmung. Es gibt zwei-, drei- und fünfnadelige Kiefern, d. h. ihre Nadeln kommen immer in der jeweils gleichen Anzahl aus einer kleinen Scheide. Nur die Kurztriebe bilden eine Ausnahme, sie haben nur eine Nadel. Wir sprechen hier von der zweinadeligen Gemeinen Kiefer *(Pinus silvestris)*, unserer Föhre, der bei uns forstlich am meisten genutzten Baumart.
Man spricht von der Kiefer als einer Pionier-Baumart, denn sie gedeiht nämlich noch auf armen und ärmsten Böden. Sie allein kann ruinierte Ödländereien wieder kultivieren und für eine Humusneubildung sorgen. So mußte man nach den verheerenden Bränden in der Lüneburger Heide zunächst wieder Kiefern anpflanzen, weil auf dem ohnehin kargen Sandboden die Humusschicht gelitten hatte. Nur die Kiefer kann dafür sorgen, daß später andere Baumarten dort ebenfalls wachsen können. Ihre tiefgehende Pfahlwurzel — auf flachgründigen Standorten kann sie sich auch umstellen und Flachwurzeln bilden — macht sie standfest, und es kommt im allgemeinen selten vor, daß sie vom Sturm geworfen wird, eher bricht der ganze Baum. Sie erreicht Maximalhöhen bis zu 40 Metern und kann 600 Jahre alt werden. Ihr Holz ist dauerhaft und wohlriechend mit dunklem Kern und hellerem Splint. Aus guten Kiefernbeständen kommt ein qualitativ hochwertiges Schneideholz, sonst wird es als Bau-, Gruben- und Industrieholz verwendet.
Leider bezeichnet man unsere Föhre selten als schönen Baum. Meist sieht man sie auch nur in endlosen langweiligen Monokulturen auf armen Böden, ein Schreckgespenst in trockenheißen Sommertagen, weil sie leichter Feuer fängt als irgendeine andere Nadelholzart. Kann sie sich aber als Solitärpflanze auf einem ihr einigermaßen zusagenden Boden entwikkeln, wird sie zu einem malerischen, wunderschönen Baum. Je nach Standort haben alte Kiefern ein recht unterschiedliches Aussehen, sie sind zu Charakterbäumen mit eigenen typischen Merkmalen herangewachsen. Kiefern haben außerdem den Vorteil, daß sie sich in höherem Alter sehr licht stellen und andere Bäume unter ihnen aufwachsen können.

Die Buche

In der Botanik gibt es die riesige Familie Buchengewächse *(Fagaceae)* mit etwa 1000 Arten, die in der ganzen Welt außerhalb der Tropen verbreitet sind. Zu ihr gehören die Scheinbuchen der südlichen Hemisphäre mit vielen immergrünen Arten, die Buchen und die Kastanien. Von den Buchen gibt es lediglich 10 Arten, alle in der nördlichen gemäßigten Zone zu Hause. Die Hainbuche gehört übrigens nicht dazu, man zählt sie zu den Birkengewächsen. Unsere Gemeine Buche *(Fagus silvatica)* wird wegen ihres rötlichen Holzes auch Rotbuche genannt. Buchenwälder trifft man bei uns überall an, manchmal mit Eiche und Fichte, in südlicheren Gebieten mit Tanne vermischt. Meistens aber wächst die Buche im Reinbestand. Ihr dichtes Blätterdach läßt im Sommer kaum einen Sonnenstrahl durch, im tiefen Schatten kommt kein Jungbaum und kein Strauch hoch. Nur eine bestimmte Pflanzengesellschaft hat sich auf das sommerliche Dunkel eingestellt: Kräuter, die sich zeitig im Frühjahr entfalten und früh blühen, zum Beispiel Waldmeister, Anemonen, Lärchensporn und Maiglöckchen.

Am besten wächst die Buche auf Mergelböden, sie liebt ozeanisches Klima und produziert mit ihrer starken Belaubung große Mengen von Humus. Ihr Holz ist fest, aber ohne spezielle Behandlung nicht dauerhaft. Aus diesem Grunde wird sie auch lange nicht so alt wie unsere Eichen und bricht oft schon mit 300 bis 400 Jahren zusammen. Ihr Nutzungsalter liegt bei 120 bis 150 Jahren. Ihre Früchte, die Bucheckern, sind ein hervorragendes Kraftfutter für Reh und Hirsch wie auch für das Schwarzwild. Früher, als man das Vieh grundsätzlich austrieb und nicht wie heute fast ausschließlich in Ställen hielt, setzte man auf große Weideflächen neben einzelne Eichen gern Buchen — Huteeichen und Hutebuchen —, vor allem für Schweine, die sich im Herbst an Eicheln und Bucheckern gütlich taten. Hier, im völligen Freistand, haben sich die Buchen zu gewaltigen Bäumen mit riesigen Kuppelkronen entwickelt und sind oftmals recht alt geworden. Heute sieht man solche ausladenden Buchen eigentlich nur noch in Parks, wo sie auch als Solitärpflanzen stehen.

Im geschlossenen Bestand bilden die Buchen lange, astfreie Schäfte von silbergrauer Farbe. Hoch oben erst setzen die Äste an und treffen sich mit denen des Nachbarstammes zu einem Spitzbogen. Die starken Stammsäulen mit dem Abschluß eines Spitzbogens sollen die Vorlage für den Baustil der Gotik gewesen sein.

In Deutschland werden Buchen hauptsächlich durch Naturverjüngung bewirtschaftet. Bei hiebreifen Beständen wird der Samenabfall eines Mastjahres ausgenutzt, man zieht unter dem Schutz der langsam verringerten Stammzahl des Mutterbestandes den neuen jungen Buchenbestand heran.

Besonders schön sind Buchen im Frühjahr, wenn in den unteren Baumregionen die ersten leuchtend grünen Blätter erscheinen. Ein paar Tage lang, die Blättchen haben sich noch nicht voll entwickelt, sieht es aus, als hätte der Baum lauter waagerechte grüne Linien entwickelt, als ob das junge Laub schwebte. Im Herbst prangen die Buchen in blaßgelben, später orangeroten und schließlich fuchsroten Tönen. Der hohe Stellenwert dieser Baumart zeigt sich außerdem im Klima- und Wasserhaushalt, in der starken Sauerstoffproduktion und im Bodenschutz.

Buchen im Wirtschaftswald. Hess. Staatsforst Seibertshausen

Kiel
1
2
Bremerhaven
Hamburg
Emden
Oldenburg
4
5
Bremen
3
Lüneburg
Elbe
6
7
8
9
Hannover
Berlin
11
Braunschweig
10
Ems
Weser
Münster
17
Detmold
18
19
12
13
21
20
22
14
23
15
16
24
27
Düsseldorf
25
Kassel
28
Köln
Aachen
26
Bonn
29
30
31
32
33
34
35
36
37
38
39
40
41
Koblenz
46
47
42
48
Wiesbaden
44
43
Frankfurt
Mosel
Mainz
49
50
51
Main
52
53
Bayreuth
55
Würzburg
54
58
45
56
57
Saarbrücken
Nürnberg
60
59
Rhein
Karlsruhe
68
61
62
Regensburg
Stuttgart
69
63
Donau
Freiburg
München
64
70
66
67
65

Standorte der Bäume

Schleswig-Holstein

1 Die tausendjährige Eibe in Flintbek
2 Die dicke Linde in Bordesholm

Niedersachsen

3 Die Gerichtslinde in Scheeßel
4 Die Amalieneiche und die Friederikeneiche im Hasbruch
5 Die Linde zu Heede
6 Die Buche bei Nünningen
7 Die alte Ulme bei Frankenfeld
8 Die Wotaneiche bei Ahlden
9 Die Evers-Eiche in Osnabrück
10 Die Kaiser-Lothar-Linde in Königslutter
11 Die Tillybuche bei Raden
12 Die tausendjährige Linde in Upstedt
13 Die Stollen-Linde in Goslar
14 Die riesigen Eichen in der staatl. Revierförsterei Brüggefeld
15 Die Uralte Linde in Elliehausen
16 Die Ortslinde in Pöhlde

Nordrhein-Westfalen

17 Die Marienlinde in Telgte
18 Die Kirch-Linde in Reelkirchen
19 Die Wittekind-Linde in Elbrinxen
20 Die Feme-Eiche in Erle
21 Die Alte Eibe in Xanten
22 Die Zwölf-Apostel-Linde zu Gehrden
23 Die Femelinde bei Löwen
24 Die tausendjährige Eiche bei Borlinghausen
25 Die Priorlinde oder Briggerigge in Priorei
26 Die alte Linde in Aachen-Forst

Hessen

27 Naturschutzgebiet Urwald Sababurg
28 Die Linde in Bad Sooden-Allendorf
29 Die Linde in Lischeid
30 Die Hof-Ulme in Caldern
31 Die Alte Linde in Himmelsberg
32 Die alten Eichen bei Oberaula
33 Die Tanzlinde zu Schenklengsfeld
34 Die Buche bei Gladenbach
35 Die alten Eichen bei Roßbach
36 Die Zigeunereiche bei Wilsbach
37 Die alte Linde von Bermoll
38 Die Kirchenlinde in Langendernbach
39 Die starke Eiche bei Johannesburg
40 Die Dicke Eiche bei Waldgirmes
41 Die alten Eichen bei Albshausen
42 Die Ortslinde bei Reinborn
43 Die Linde in Frankfurt
44 Die Blutlinde in Frauenstein
45 Die Dicke Eiche in Airlenbach

Rheinland-Pfalz

46 Die alte Eiche bei Dausenau
47 Die schöne Eiche bei Endlichhofen
48 Die alte Eiche in Buch
49 Die Schimsheimer Effe
50 Die Feldeiche bei Rehborn
51 Die Dicke Keschte in Dannenfels

Bayern

52 Die vermutlich älteste Linde Deutschlands zu Staffelstein
53 Die Tanzlinde in Limmersdorf
54 Die Kaiser-Eiche zu Geiselwind-Füttersee
55 Die Badangerlinde in Gößweinstein
56 Die tausendjährige Linde zu Effeltrich
57 Die Kunigundenlinde zu Kasberg
58 Die Kunigundenlinde zu Burgerroth
59 Die Riesenlinde in Hoffeld
60 Die alte Linde zu Schwabach
61 Die Wolframslinde zu Kötzting
62 Die Bavaria-Buche bei Pondorf
63 Die Gerichtslinde zu Mönchsdeggingen
64 Die Tassilo-Linde bei Wessobrunn
65 Die Hindenburg-Linde bei Ramsau
66 Die alte Eibe zu Balderschwang
67 Die alte Eibe im Bärgündle-Tal

Baden-Württemberg

68 Die Meimsheimer Linden
69 Die Bergulme bei Denkendorf
70 Die tausendjährige Linde in Hohenbodmann

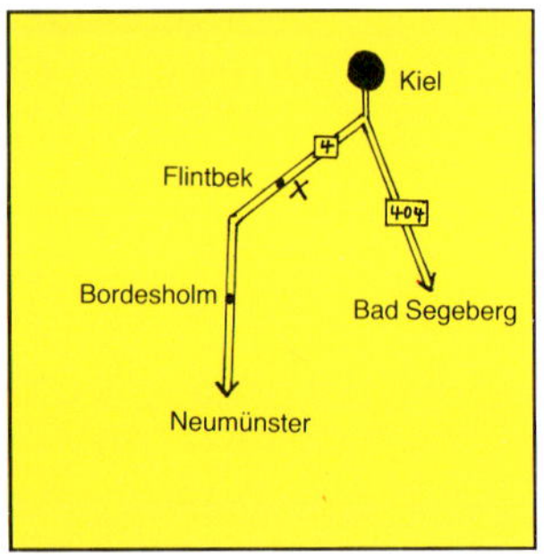

Die tausendjährige Eibe in Flintbek

Flintbek liegt etwa zehn Kilometer südlich von Kiel. Die alte Eibe sollte im Pastoratsgarten stehen, deshalb richtete ich mich bei der Einfahrt in den Ort nach dem weithin sichtbaren Kirchturm. Als ich um die letzte Häuserecke bog, fiel mein Blick sofort auf den tiefdunklen, großen und weitausladenden Baum hinter der Kirche und vor dem Pastorenhaus.
Das Klima hier und der Standort scheinen den Eiben zu behagen, denn in der Umgebung des Altbaumes stehen mehrere andere Eiben, die aber weitaus jünger sind. Früher war diese Baumart bei uns viel häufiger zu finden als heute, ihr langsames Wachstum hat sie aus unserer schnellebigen und auf Profit gerichteten Zeit als Nutzholz verbannt. Dagegen wird der Taxus wegen seiner ernsten dunklen Gestalt heute viel auf Friedhöfen gepflanzt, und auch in Gärten ist er in den verschiedensten Zuchtformen beliebt, weil er zäh und schattenverträglich ist, sich ohne Schaden zu nehmen beschneiden läßt und willig immer wieder ausschlägt. Daß seine Nadeln und die Samen in den roten Beeren weibli-

Aus der Entfernung erkennt man kaum, daß es sich bei diesem ausladenden Baum nicht um einen Laubbaum handelt.

cher Bäume das giftige Alkaloid Taxin enthalten, tat seiner Beliebtheit keinen Abbruch. Aber alt werden die Bäume auf diesen Standorten nie. Eiben erreichen ein besonders hohes Lebensalter, sofern man sie nur wachsen läßt, die tausend Jahre der Flintbeker Eibe sind daher für diese Holzart ganz „normal". In den alten Aufzeichnungen über den Bau der Kirche 1223 wird diese Eibe bereits erwähnt; die Nähe des Gotteshauses und die Wohnung des Pfarrers haben sie vielleicht vor dem vorzeitigen Abschlagen bewahrt. Der Baum ist auch heute noch gesund und vollholzig, während viele andere Eiben gleichen Alters einen hohlen Stamm aufweisen. Der Umfang in Brusthöhe mißt viereinhalb, die Höhe elf Meter. Eiben werden nicht besonders hoch — die größte gemessene Höhe liegt bei zwölf Metern —, sondern streben mehr in die Breite. Der Kronendurchmesser dieses Baumveteranen mag an der breitesten Stelle etwa achtzehn Meter betragen. Das weite Ausladen der Äste zeugt für die Zähigkeit des Holzes, denn da Eiben im Winter die Nadeln nicht abwerfen, mag die Schneelast und die Wucht der Stürme sie besonders hart treffen.

Die dicke Linde in Bordesholm

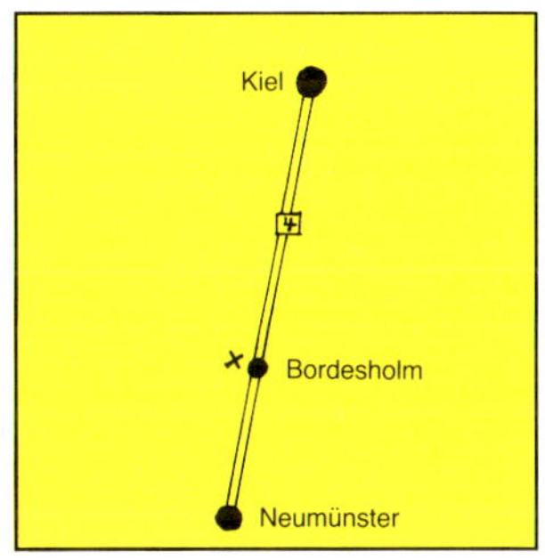

Nicht weit entfernt von Flintbek mit seiner prächtigen Eibe liegt Bordesholm, ein kleiner geschichtsträchtiger Ort, dessen alte Linde bereits im vorigen Jahrhundert Beachtung fand und die deshalb in dieses Buch aufgenommen wurde, obwohl sie nicht zu den ältesten Linden Deutschlands zählt.
In den Jahren 1327—1332 verlegten die „Augustiner Chorherren" ihren Wohnsitz von Neumünster nach Bordesholm, und 1332 wurde die Kirche des Klosters eingeweiht. In ihr steht der Sarkophag des Herzogs Carl Friedrich (1700—1739), dem Regenten eines Restanteils von Holstein. Er war mit Anna, Tochter Peters des Großen von Rußland, verheiratet; beider Sohn Peter Ulrich wurde zum russischen Thronfolger ausgerufen und bestieg 1762 als Peter III. den russischen Thron.
Der alte Friedhof an der Nordseite der Kirche wurde 1960 zu einer Gedenkstätte für die Gefallenen und Vertriebenen hergerichtet. Davor, also auch unmittelbar bei der Kirche, steht unsere Linde. Ihr genaues Alter wurde noch nicht ermittelt, Schätzungen sprechen von 600 Jahren. Wenn dies zutrifft, könnte die Linde zur Zeit der Kircheneinweihung gepflanzt worden sein. Heute hat sie einen Brusthöhenumfang von 7,20 m und eine Wipfelhöhe von etwa 20 Metern.
In der „Bordesholmer Rundschau" (Verlag Paul Steffen KG, Bordesholm) vom 15. Januar 1978 befindet sich ein langer Bericht über die Linde, aus dem hier mit freundlicher Genehmigung des Verlages gekürzt zitiert wird: „In dem botanischen Werk ‚Die Riesen der Pflanzenwelt' von E. Mielck ist auch die alte Bordesholmer Linde beschrieben und als Bildtafel vertreten. Das Buch erschien 1863 bei C. F. Winter in Leipzig und Heidelberg. Es enthält mit 128 Seiten 16 ganzseitige Lithographien von bemerkenswerten einheimischen und ausländischen Bäumen. Das hier gezeigte Blatt der Bordesholmer Linde wurde von D. Brolund gezeichnet.
In Mielcks Buch heißt es einleitend zum Kapitel Linden: ‚Wie wir den Storch und die Schwalbe halbwegs zu unseren Haustieren zählen, so

Wie stark und verzweigt muß das Wurzelwerk sein, um diesen gewaltigen Baum aufrecht zu halten!

möchte ich die Linde vorzugsweise auch unseren Hausbaum nennen. Wie so mancher Lindenbaum war Zeuge der Lebensereignisse mehrerer Geschlechter eines Hauses in Freud und Leid, in guten und bösen Tagen, ein anderer Zeuge der wichtigsten Begebenheiten, Beratungen und Beschlüsse einer ganzen Kommune, vom Rechtsurteil über Leben und Tod, besonders in allen Landen sächsischen Stammes. Hier sind noch jetzt manche alten Linden zu finden, unter welchen in wichtigen Fällen Ding gepflegt und Recht gesprochen wurde.' Dieser Text bildet inhaltlich die Grundlage des vaterländisch geprägten Spruches von Prof. K. Jansen: ‚Manches sah dein gewaltiger Dom, hochrauschende Linde, Freude hast du und Leid manchen Geschlechts geteilt, größeres schautest du nicht als der Holsten Erhebung, als Deutschland wiedergeboren zum Reich. Künde den Enkeln das Wort. 24. März 1873.' Dieser Text auf der Tafel an der Linde weist hin auf die Schl.-Holst. Erhebung von 1848 (gegen Dänemark) und die Gründung des Kaiserreiches 1871. Bei Mielck heißt es u. a. weiter: ‚Die auf dem freien Platz neben der Kirche und dem alten, jetzt zu Beamtenwohnungen eingerichteten Klostergebäude stehende, schon früher erwähnte Linde hätte am wenigsten eine Berechtigung unmittelbar nach den soeben genannten Linden aufgeführt zu werden, wenn sie nicht als alter Dinggerichtsbaum ihre Bedeutung und durch eine außerordentliche Verschönerung ihres hübschen Standortes ihre Verdienste hätte.
Ihr Stamm hat ein Fuß über der Wurzel zwar nur 16 Fuß 5 Zoll, auf fünftehalb Fuß Höhe 16 Fuß Umfang und bis zur ersten Verzweigung 7 Fuß Höhe, aber ihre sich auf 76 Fuß ausdehnende dicht belaubte Krone einen Durchmesser von 90 Fuß, so daß diese eine Fläche von 6350 Quadrat-Fuß beschattet.'
Der Bordesholmer Baum gehört zu den Sommerlinden. Die niedrige aber breit ausladende Linde ist als Naturdenkmal eingetragen und ein letztes lebendes Zeugnis aus der Klosterzeit. Durch ihre urwüchsige und kraftvolle Schönheit wurde sie zu einem beliebten Bordesholmer Wahrzeichen. Seit Auflösung des Klosters (1566) wurde in der Ämterzeit bis ins 19. Jahrhundert hinein im Schatten der Linde Dinggericht nach den Bordesholmischen Amtsgebräuchen gesprochen.
Im Herbst 1976 wurde der Baum zuletzt grundlegend von einer Spezialfirma behandelt. Neben der Auslichtung der Krone, der Entfernung von Faulstellen sind vor allem die einschnürenden Schellen an den Ästen entfernt worden. Für die Halterung der Eisenstangen wurden die Äste nach einem neuen Verfahren durchbohrt. Außerdem erhielt der Baum eine Tiefen-Vorratsfütterung mit mineralischen und organischen Stoffen von insgesamt ca. zwei Zentner Dünger. Für diese Aktion hat die Gemeinde Bordesholm rund 13 000,— DM aufgewendet."

Und so sah die Linde vor etwa 125 Jahren aus. Nach einer Zeichnung von D. Brolund.

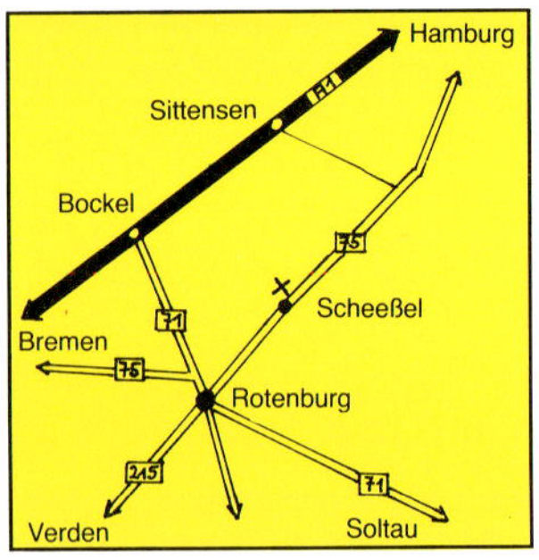

Die Gerichtslinde in Scheeßel

In der Reihe der alten Linden in diesem Buch erscheint die Gerichtslinde in Scheeßel mit 600 Jahren noch verhältnismäßig jung. Wenn man sich aber vorstellt, daß sie zur Zeit Johannes Gutenbergs, der die Buchdruckerkunst erfand, ein zierliches Bäumchen war, erkennt man ihre lange Lebenszeit erst wirklich deutlich. Sie hat einen Brusthöhenumfang von 6,80 m und ist 25 Meter hoch.

Ein gepflegter Altbaum in ebenso gepflegter Umgebung, das ist ein erfreulicher Anblick.

Der Baum macht einen gesunden Eindruck, er blüht jedes Jahr prächtig und sein Laub ist frischgrün. Die etwas „schiefe" einseitige Krone tut der Schönheit des alten Baumes keinen Abbruch. Bei dem freien Stand der Linde kommt das eindrucksvolle Loch im Stamm, durch das ein Kind aufrecht hindurchgehen kann, besonders gut zur Geltung; es ist zwar kein Schönheits-, sondern ein typisches Altersmerkmal, wirkt aber außerordentlich dekorativ.

Die Gemeinde kümmert sich um ihre alte Linde und hat sie 1960 und 1964 sanieren und beschneiden lassen. Es wäre allerdings besser gewesen, wenn die große Höhlung am Stammfuß durch ein Gitter versperrt worden wäre. Hier sammelt sich leicht Unrat, Kinder spielen darin, und bei anderen Bäumen mit ähnlichen Stammhöhlen hat man schon oft erlebt, daß gerade hier ein Brand entstand. Ich hätte mir auch gewünscht, daß die Pflasterung nicht gar so weit bis an den Fuß gereicht hätte, man sollte Bäumen eine größere Erdscheibe lassen. Die Linde hat einen sehr schönen und gepflegten Standort, vor und hinter ihr sind Rasenflächen mit Rosenbeeten angelegt, die weißgetünchten Wände der Kirche und das rote Dach bilden einen guten Farbkontrast, und malerisch stehen an den Seiten die alten Patrizierhäuser.

Bei einem Besuch dieser Linde, unter der früher Recht gesprochen wurde, kann auch die Besichtigung einer 250 Jahre alten Starkeiche mit einem Umfang in Brusthöhe von 6,80 m empfohlen werden. Sie steht bei der Mühle in Scheeßel. Und wer durch Rotenburg kommt, sollte dort die kaum geringere „Geister-Eiche" besuchen, deren Eigentümer die Staatsforst ist.

Die Amalieneiche und die Friederikeneiche im Hasbruch

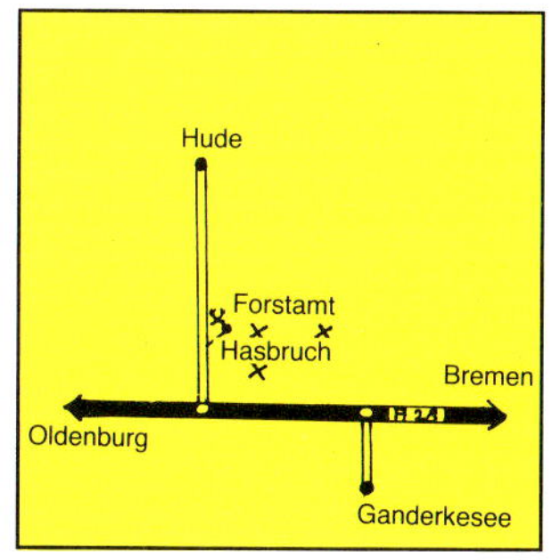

Der Name dieses großen Waldes wird hergeleitet von Asa (Wasser), was also heißen soll: Sumpfbruch. Er war einst sehr viel größer als heute, weist aber auch jetzt noch eine zusammenhängende Waldfläche von 695 ha auf. Der Boden, zum Teil aus gutem und frischem Lehm, zum Teil aus Sand bestehend, müßte eigentlich einen besseren Bestand tragen als man antrifft. Aber in allen Jahrhunderten wurde dem Wald durch Streunutzung, Plaggengewinnung, Viehweide (1780 = 1312 Stück Hornvieh, 397 Pferde, 502 Schweine und 240 Schafe) und als Holznutzung sehr stark zugesetzt, zumal er an das waldarme Stedinger Marschland angrenzte und dort noch zusätzlich viel Schiffsholz benötigt wurde.
Der Viehverbiß verhinderte jegliche natürliche Besamung des Waldes, und so gab es keinen Jungwuchs. Man ging dann dazu über, die zahlreichen Hainbuchen zu köpfen, um das notwendige Brennholz zu bekommen. Noch heute trifft man diese Kopfholzhainbuchen mit einem Alter von 200 bis 300 Jahren in ganzen Beständen an. Bei dem übermäßigen Plaggenhieb wurden sie oftmals an den Wurzeln völlig von Erde entblößt, so daß sie nicht nur einen schwachen Zuwachs hatten, sondern recht häufig auch stark krüppelige, drehwüchsige, herunterliegende und sich windende Äste bildeten. Der Volksmund nannte diese Bestände bald ,,Gespensterwald''. Sie stehen heute unter Naturschutz. Die dazwischen verstreut stehenden Eichen wurden natürlich ebenfalls genutzt, nur die Stämme mit den dicksten Ästen — damals nutzholzuntauglich — ließ man stehen. Die abgeworfenen Blätter und Früchte der Neuaustriebe dienten als Futter für das Vieh.
Von diesen Eichen stehen einige auch heute noch als wirkliche Veteranen da. Sie haben etwa ein Alter von 1200 Jahren und führen Namen nach bekannten Persönlichkeiten. Die stärkste Eiche ist jetzt die Amalieneiche, benannt nach der Königin von Griechenland, die eine Schwe-

Im Sommer versteckt sich die Friederikeneiche im Gewirr der grünen Umgebung.

Eine Baumruine zwar, aber ein majestätischer Zeuge längst vergangener Zeiten: Die Amalieneiche.

ster des Großherzogs Nicolaus Friedrich Peter (Oldenburg) war und sich damals häufig im Hasbruch aufhielt. Dieser Baum hat einen Brusthöhenumfang von neun Metern und vierzehn Meter Höhe; bei 3,70 m setzen schon die Äste einer sehr großen Krone an, die aber nur noch in ihren Ansätzen erhalten blieb, wie man auf dem im Frühjahr aufgenommenen Foto erkennt. Immerhin hat dann aber der Schaft eine Holzmenge von 26,2 fm.

Die Friederikeneiche zeigt mit einem Brusthöhenumfang von sieben Metern nicht ganz die gleiche Stärke. Auch ihr Schaft ist nur kurz, und bereits in vier Metern Höhe wachsen gewaltige Äste, die zum Teil einen Umfang von fünf Metern haben. Die Wipfelhöhe des Baumes beträgt 15, sein Kronendurchmesser 27 Meter. Leider mußte die „Dicke Eiche" ihr Leben 1925 im Feuer lassen. Die Unvorsichtigkeit eines Rauchers zerstörte sie. Der Baum maß im Umfang in Brusthöhe 9,25 m, am Stammfuß 12,20 m, im Kronendurchmesser 23,30 m und im Festgehalt 53,5 fm. Seine Reste sind dort liegengeblieben, wo er fiel. Man hat sie auf Unterlagen gelegt, so daß sie einer sehr schnellen Vermoderung entzogen sind. Die Stärke des toten Riesen kann also noch heute bewundert werden.

Längst ist die „Dicke Eiche" gefallen, man erkennt noch gut ihre riesenhaften Ausmaße. Nur langsam geht sie den Weg alles Irdischen.

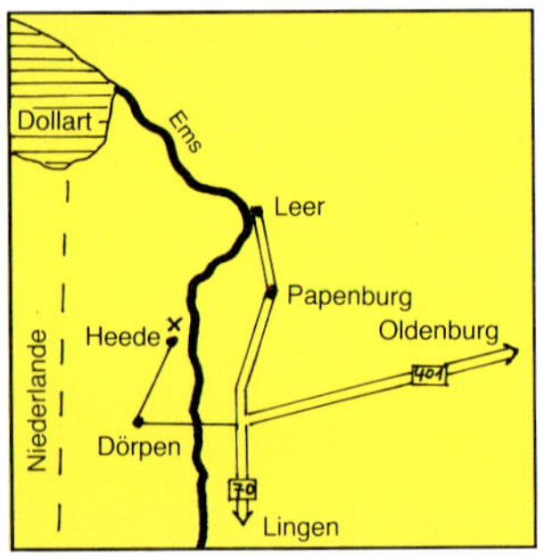

Nur im Winter sichtbar: Bei diesem Wald von Stämmen handelt es sich um eine einzige Linde.

Die Linde zu Heede

Dieser alte Baum ist ein unvorstellbar schönes und erhabenes Naturdenkmal. Trotz des hohen Alters grünt seine Krone in voller gesunder Frische. Die Linde wuchs mehr in die Breite als in die Höhe, ihr Kronendurchmesser beträgt über 40, die Wipfelhöhe 30 Meter. Der Umfang in Brusthöhe aber ist für einen vollholzigen Baum in Deutschland ein Rekord, er mißt 16 Meter! Damit steht die Heeder Linde nach denen in Staffelstein und Schenklengsfeld in bezug auf Brusthöhenumfang zwar an dritter Stelle, die beiden anderen Bäume sind aber schon nicht mehr vollholzig. Aus dem dicken Stamm der Linde entspringen in drei Meter Höhe 16 riesige Äste, die nach ihren Maßen in Umfang und Höhe selbständige Bäume sein könnten.

Unser Baumveteran steht unmittelbar neben der 1467 gebauten und 1673 eingeäscherten Schärpenburg. Sicher hat er damals durch das Feuer gelitten, anzusehen ist es ihm aber nicht. Bereits im 17. Jahrhundert muß die Linde ein eindrucksvoller Baum gewesen sein, denn in der Chronik ist vermerkt, daß im Befehl zum Niederbrennen der Burg ausdrücklich auf den Schutz der Linde hingewiesen wurde.

Leider findet sich nirgends ein Vermerk darüber, wann die Linde gepflanzt wurde, in der Chronik allerdings wird sie mehrfach erwähnt. So nimmt man an, daß der Baum schon stand, als die Schärpenburg 1467 errichtet wurde und daß man ihn als großes und prächtiges Exemplar mit in den Burgbezirk einbezog. Wahrscheinlich trug die Linde einen Tanzboden in der Mitte ihrer Krone, denn die starken Äste bildeten sich am Rande des Stammes. Sie müssen schon seit geraumer Zeit als besonders kräftig gegolten haben, in der zweiten Strophe eines „Liedes von Heede" heißt es:

> Zu Heede erhebt sich
> ein Stamm wie ein Wald
> mit viermal vier Bäumen,
> Jahrhunderte alt.
> Wie unsere Linde,
> so groß und so schön,
> ist keine noch jemals
> auf Erden gesehn.

Im Jahre 1957 wurde die alte Linde von M. Maurer baumchirurgisch behandelt. Man ließ die damals noch vorhandene Plattform in der Krone beseitigen, die Äste mit Seilen verspannen und das Faulholz herausschneiden. Hoffentlich bleibt uns dieser herrliche Baum noch lange erhalten.

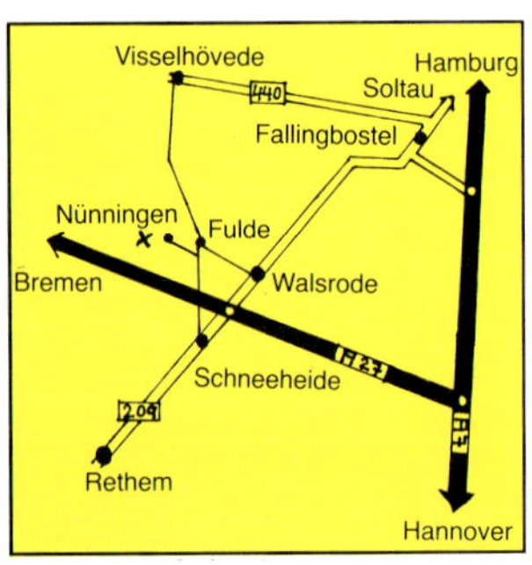

Die Buche bei Nünningen

Es wird in Landschaftsbeschreibungen von Fallingbostel-Walsrode darauf hingewiesen, daß die Buche bei Nünningen weit und breit die stärkste und mächtigste ihrer Art sei. Sie steht allein in weiter Feldmark und konnte ungehindert eine große und hohe Krone ausbilden. Dieser Baum „hatte Glück", er wurde nicht schon im jugendlichen Alter abgehackt, weil er bei der Feldbestellung im Wege war. Er durfte weiterwachsen und sich entwickeln, obwohl er sicherlich einen Teil des Ackers stark beschattet und ihm auch Nahrung entzieht.

Buchen werden bei uns lange nicht so alt wie etwa Eichen oder Linden,

Eine so prächtige Kuppelkrone entwickelt die Buche bei freiem Stand. In unseren Wäldern stehen die Bäume dicht beieinander und werden dadurch gezwungen, hohe Stämme zu bilden. Die Kronen kommen meist zu kurz.

sie erreichen meist mit 300 bis 400 Jahren ihre Altersgrenze. Unsere prächtige Buche bei Nünningen hat etwa ein Alter von 250 bis 300 Jahren. Sie hat den für Buchen gewaltigen Brusthöhenumfang von 5,85 m und ist etwa 20 Meter hoch.
Der Heimatforscher Hans Stuhlmacher beschrieb den Baum vor 40 Jahren mit einem Brusthöhenumfang von 5,20 m. Das bedeutet, daß er in diesen letzten Jahren bis heute 65 cm im Umfang zugenommen hat, ein Beweis dafür, daß er noch gesund ist und voll im Saft steht. Dem Landwirt, auf dessen Grund und Boden die Buche steht, sei Dank dafür, daß er seinen Acker immer wieder geduldig um den Baum herum bestellt.
Man findet die schöne starke Buche in etwa 600 m Entfernung vom westlichen Rand des kleinen Ortes Nünningen.

Die alte Ulme bei Frankenfeld

Bei den meisten Baumveteranen in deutschen Landen handelt es sich um Linden oder Eichen. Hier haben wir es nun einmal mit einer Ulme zu tun, einer Baumart, die unter den alten Bäumen nicht mehr oft anzutreffen ist. In Deutschland wie auch in anderen Teilen Europas wird diese Baumart seit Beginn der zwanziger Jahre oft von der sogenannten Ulmenkrankheit befallen, und viele

Bäume sterben frühzeitig ab oder müssen gefällt werden.
Die Frankenfelder Ulme steht etwa 300 Meter vom westlichen Ortsrand entfernt auf freiem Felde mitten in einer Hecke. Ihr Brusthöhenumfang beträgt 6,35 m, ihre Höhe 18 Meter. Die Äste laden weit nach allen Seiten aus. Über ihr Alter können leider keine genauen Angaben gemacht werden, Aufzeichnungen irgendwelcher Art wurden nicht gefunden, sie ist aber mit Sicherheit über 300 Jahre alt und hat schon so manchen Sturm erlebt. Auffällig an ihr ist der hohle Stamm, der wohl so manchem Getier Unterschlupf und Schutz bieten mag; trotzdem wäre es wünschenswert, wenn diese verwundbare Stelle gesichert würde.Schon so manchem alten Baum wurde der hohle Stamm zum Verhängnis, weil Kinder darin spielten oder gar ein Feuer entfachten. Dennoch scheint die alte Ulme gesund zu sein, und sicherlich wird die Gemeinde, zu der sie gehört, ihre schützende Hand über diesen Baumpatriarchen halten.

Obwohl der Stamm der alten Ulme hohl ist, scheint sie noch völlig gesund zu sein. Hoffentlich kann der Baum bald saniert werden!

Die Wotanseiche bei Ahlden

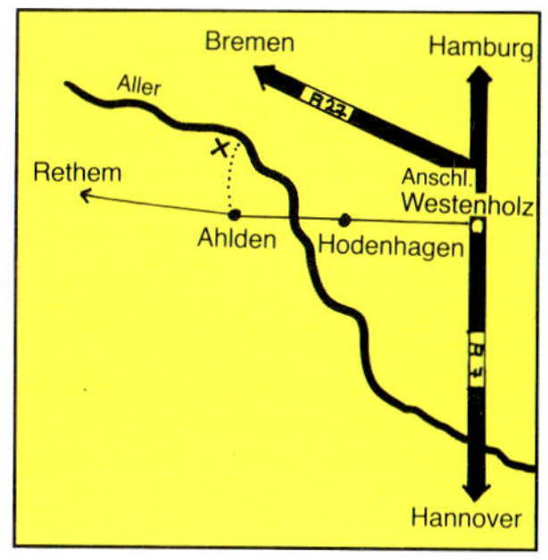

Etwa zwei Kilometer nordwestlich von Ahlden steht in der Nähe der Einmündung der Alten Leine in die Aller unser Baum, eine schöne und starke Alteiche. Bei meinen Erkundigungen nach dem Alter dieses Baumes erhielt ich stets die gleichlautende Auskunft: „Sehr alt, mehr als tausend Jahre!" Da sie aber „nur" einen Brusthöhenumfang von 4,80 m hat, ist das nicht recht zu glauben, zumal sie auf nahrhaftem Boden steht. Sie müßte viel jünger sein. Den Menschen, die solche alten Bäume in ihrer Landschaft haben und sie pflegen und schützen, möchte ich die Altersangaben über die Bäume aber nicht ausreden. Ich nehme es hin, was sie angeben; zudem handelt es sich bei der Wotanseiche wirklich um einen eindrucksvollen, prächtig gewachsenen Baum.

Es ist sehr still und einsam in den Niederungen von Leine und Aller. Wegen der Reiherkolonie im nahen Auewald und der dort vorkommenden seltenen Pflanzen steht das ganze Gebiet unter Naturschutz. Störche gehen noch auf den Wiesen der Nahrungssuche nach, und häufig kann man Reiher in den Altwassern stehen und auf Beute lauern sehen. In den Wäldern aus hohen Eichen und anderen Laubhölzern wächst dichtes Unterholz. Die vielen Gewässer und die zur Einmündung in die Aller recht breit werdende Leine, an deren Ufer sich unsere Wotanseiche erhebt, gehören zu einem Stück Natur, das noch vor allzu verheerenden Eingriffen des Menschen bewahrt werden konnte. Die Gleichmäßigkeit seines Wuchses mit der riesigen Krone ist bestechend schön.

Ein ideales symmetrisches Wachstum zeigt die schöne Wotanseiche in der Nähe von Ahlden.

Die Evers-Eiche in Osnabrück

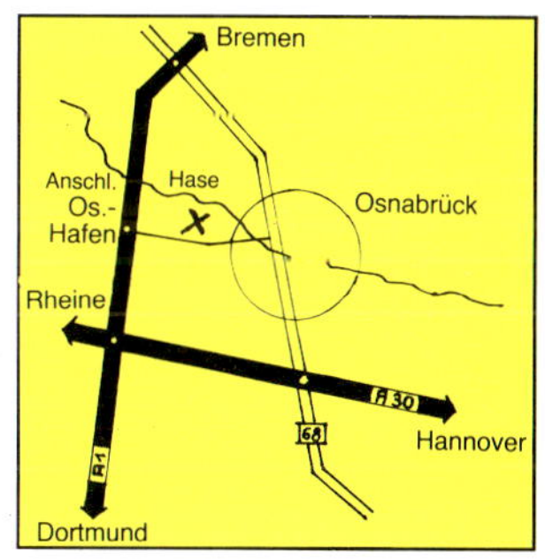

Sie steht im westlichen Teil Osnabrücks im jetzigen Stadtteil Eversburg. Nach der Chronik wird erstmals 1223 ein Bauernhof im „Eversfeld" erwähnt, das später „Eversheide" hieß. Nach diesem Gebiet hat die alte Eiche wohl ihren Namen bekommen. Ihr Alter wird auf über 800 Jahre geschätzt.

Die zuständigen Dienststellen in Osnabrück sind sich der Kostbarkeit dieses Baumveteranen bewußt und pflegen die Eiche sehr sorgfältig. 1977 wurde sie durch das eigene Personal des Grünflächenamtes tadellos saniert. Geschickt und mit Umsicht wurden nicht nur die großen Öffnungen am Boden, die Kinder so gern zum Spielen benutzen, mit Gittern verschlossen, sondern auch drei weiter oben liegende Löcher (siehe Kapitel Neuzeitliche Baumpflege S. 145). Einen großen abgebrochenen Ast — im Bild oben links — hat man sorgfältig mit Lacbalsam verstrichen. Bei genauem Betrachten erkennt man noch weitere Stellen am Stamm, die eine Wundbehandlung erfuhren. Der Wurzelraum unter der Krone bleibt als lockere Erde ohne Graseinsaat bestehen. Eine Einfriedigung aus Rundhölzern schützt das Wurzelwerk gegen übermäßiges Betreten. Darüber hinaus wurde eine S-Rolle, ein bei der Bundeswehr verwendetes Stacheldraht-Hindernis, um den Stammfuß gelegt, um ein Beschädigen oder Beklettern des Baumes zu verhindern. Mehr kann man wirklich nicht tun! Der Umfang der Eiche in Brusthöhe beträgt 6,70 m, der Baum ist 18 Meter hoch.

Die Evers-Eiche zeigt beispielhaft, mit welcher Liebe eine Gemeinde ihren alten Baum pflegt. Hier wurde nichts gespart, und die Eiche dankt es.

Die Kaiser-Lothar-Linde in Königslutter

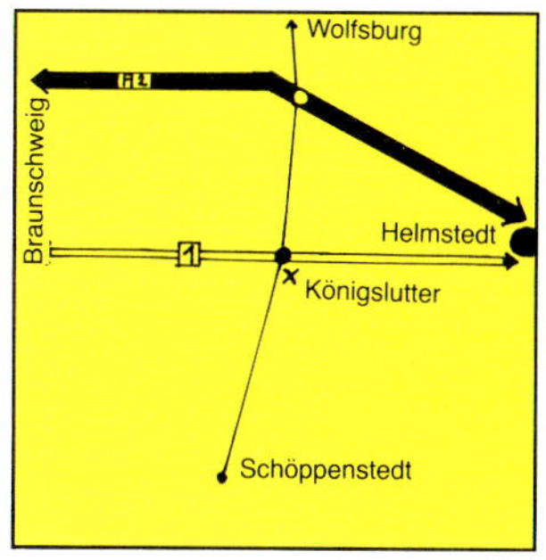

Kaiser Lothar und seine Gemahlin Richenza waren die Großeltern von Heinrich dem Löwen. Lothar soll die Linde, von der hier die Rede ist, im Jahre 1135 bei dem Bau der Stiftskirche — später Dom genannt — gepflanzt haben, sie müßte demnach rund 850 Jahre alt sein.
Der Baum steht auf einer großen Rasenfläche innerhalb des Geländes des Niedersächsischen Landeskrankenhauses, das sich nach Süden hin an das Benediktinerkloster und den

Kaiserdom anschließt. Dieser Standort ist günstig, die Linde konnte sich ungehindert entfalten und blieb dennoch geschützt, weil die umstehenden Gebäude kalte Winde und heftige Stürme abhielten. So wuchs sie zu einem mächtigen Baum mit riesiger Krone heran, auch der Stamm scheint noch gesund und fest zu sein. In 1,30 m Höhe beträgt der Stammumfang 11,30 m, tatsächlich ist dies gerade die schwächste Stelle, obwohl man geneigt ist, etwas mehr herauszumessen, indem man das Meßband über Wülste und Knorren legt.
Sicher erkennen die Patienten des Krankenhauses, daß ihnen hier ein sehr alter Baum vor Augen steht, daß sie aber einen der Baumveteranen unserer Heimat vor sich haben, wissen sicherlich die wenigsten, und kaum einer kann sich die ungeheure Zeitspanne vorstellen, die diese Linde überlebte und hoffentlich noch überleben wird.

Den Stamm der Linde muß man aus der Nähe betrachten, um seine gewaltigen Ausmaße würdigen zu können. Das kleinere Bild zeigt auch die riesige Krone.

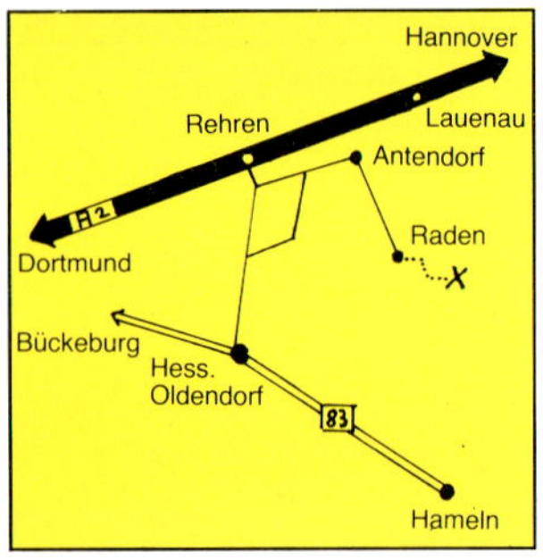

Die Tillybuche bei Raden

Eine seltene, eigenartige Varietät der Buche findet man im Süntel, einem großen Berg in der Mitte des Weserberglandes. Hier, und nur hier, gab es diese kuriose, drehwüchsige Buchenart einst in größeren Beständen, sie erhielt deshalb den Namen „Süntelbuche". Heute ist sie fast ausgestorben. Die Forstwirtschaft und die Holzindustrie verlangten hohe gerade Stämme, die Süntelbuchen mit ihren kurzen drehwüchsigen Stämmen und den schlangenartig gewundenen Ästen erschienen als „ nutzloses Zeug", und bereits im vergangenen Jahrhundert wurden die meisten Vertreter dieser einmaligen Art deshalb gnadenlos abgehackt. Nur wenige einzelne Exemplare stehen noch verstreut in den Wäldern, damit droht eine zusätzliche Gefahr, daß Süntelbuchen aussterben. Da sie zu den Fremdbestäubern zählen, können sie sich nur in geschlossenen Beständen vermehren. Kürzlich, sozusagen fünf Minuten vor zwölf, hat man sich indes zu ihrer Rettung entschlossen und einen kleineren geschlossenen Bestand von Jungbuchen gepflanzt.
Die etwa 300jährige „Tillybuche" — Buchen erreichen im allgemeinen kein wesentlich höheres Alter — ist eine der ältesten und sicher die stärkste der stehengebliebenen Süntelbuchen. Nicht nur im Stamm, sondern auch in den krummen, gebogenen Ästen, die in alle Richtungen durcheinanderwachsen, zeigt sich die Drehwüchsigkeit. Die Spitzen weisen häufig nach unten. Breit aus lädt die Krone und hat einen Durchmesser von 25 Metern.
Besitzer der Süntelbuchen haben wahrscheinlich früher Sämlinge als Kuriosität verschenkt, Einzelexemplare finden sich in Parks und sogar in benachbarten Ländern. Ein sehr schöner alter Baum steht im Enzkreis, etwa 20 Kilometer nördlich von Vaihingen im Wald auf dem Stromberg zwischen Häfnerhaslach und Sternenfels. Er entging dem vorherrschenden Nützlichkeitsdenken und fiel Axt und Säge nicht zum Opfer. Im Schwäbischen Baumbuch von 1911 ist vermerkt, daß die Buche auf königlichen Wunsch hin stehenblieb.
Nicht weit von Hannover, an der Straße zwischen Bad Nenndorf und Gehrden, liegt der kleine Ort Groß-Goltern. Hier steht neben der Kirche die „Tilly-Linde", ein etwa 600jähriger Baum mit einem Umfang von 8,20 m. Ob ihr Name zu Recht besteht, weiß man nicht genau. Viele nehmen an, daß sie früher Thie-Linde hieß, ein Hinweis darauf, daß sie eine Gerichtslinde war.
In der Geschichte von Goltern steht allerdings vermerkt, daß Tillys Landsknechte im Jahre 1625 Goltern schrecklich heimsuchten. 33 Einwohner, die sich in den Turm der Kirche geflüchtet hatten, verbrannten samt Turm. Da die Linde unmittelbar neben dem Turm stand, aber nicht durch das Feuer umkam, könnte es durchaus sein, daß der Baum von jenem Tage an Tilly-Linde genannt wurde.

Wäre die Buche nicht so groß, könnte man glauben, dies sei ein von Japanern zu künstlicher Wuchsform gezwungener fremdländischer Baum. Die großen Äste krümmen und drehen sich, und die Zweige oben in der Krone wachsen nach allen Seiten wirr durcheinander.

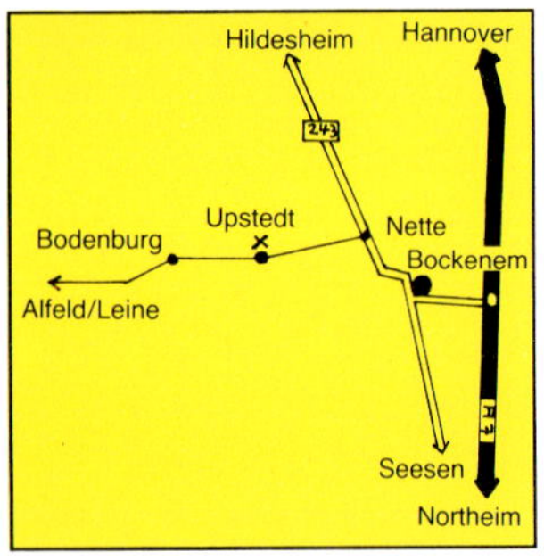

Die tausendjährige Linde in Upstedt

Als harmonisch gewachsen kann man diesen Baumgreis nicht mehr bezeichnen, zu viel hat er in seinem langen Leben erleiden müssen. Im Sommer verhüllt das Laub die geschundene Gestalt, und nur die stelzenartigen Wurzeln weisen auf das Alter hin. Hoffentlich bleibt den Upstedtern dieses einmalige Naturdenkmal noch lange erhalten.

Wer glaubt, schon bei der Annäherung an das kleine Dorf Upstedt einen großen, alles überragenden Baum zu finden, sieht sich getäuscht. Von einer hochgewölbten Krone ist nichts mehr zu sehen, nur der gewaltige hohle Stamm des Baumgreises zeugt von einem ungewöhnlichen Alter. 1973 verlor die Linde bei einem Sturm ihre Äste, man erkennt es noch an den Stümpfen. Nach diesem Unglück glaubte man, daß der Baum verloren sei, weil er doch schon so alt war. Aber die Linde erholte sich und trieb schon im nächsten Jahr auf den Aststümpfen neu aus. Diese Neuausschläge bilden heute die verhältnismäßig kleine Krone, die in gar keinem Verhältnis zu dem riesigen Sockel steht. Einige der aufrecht stehenden Äste sind an der Basis jedoch schon 16 cm dick und bis 2,50 Meter hoch. Und das bei einem Alter von mindestens 1100 Jahren!

Die Maße des Stammes betragen heute: Umfang in 20 cm Höhe 17,40 m, in 130 cm Höhe 13,50 m, in 150 cm Höhe 11,80 m. Die höchste Spitze der neuen Ausschläge liegt bei etwa 10 Metern. Das Stamminnere ist bereits seit langer Zeit hohl. Eine Öffnung liegt nach Südosten und ist etwa zwei Meter breit und tief. Tritt man in diesen Raum hinein, sieht man im Winter zum Himmel empor und im Sommer in das Laub der neuen Krone.

Seit altersher ist die Linde eng mit dem Leben der Upstedter verbunden. Das Dienstsiegel der Gemeindeverwaltung zeigt in einem Wappen die Linde, und auch auf dem Wappen der Familie Mahnkopf im ältesten Haus in Upstedt findet man die Linde wieder.

In der Chronik von Upstedt gibt es einen langen Bericht, wie und zu welcher Zeit der Ort entstand, wie er seinen Namen bekam und sich entwikkelte und wie sich von Anfang an das Leben der Einwohner mit dem der Linde verband. Ein Auszug daraus: ,,Wenn man der ältesten Überlieferung glauben darf, ist der Baum um 850 gepflanzt worden, er wurde damals ‚Marienlinde' genannt. Upstedter Heiden ließen sich damals zum Christentum bekehren. Ganz sicher ist der Vorgang nicht, aber das in unmittelbarer Nähe stehende kleine Gotteshaus läßt den Schluß zu, daß es sich um eine Marienlinde handelt, die zur Erinnerung an die Einführung des Christentums gepflanzt und der Mutter Maria geweiht wurde.

Erst um das Jahr 1100 wird die Linde urkundlich erwähnt, da soll sie bereits 250 Jahre alt gewesen sein. In religiösem Brauchtum wuchs sie auf,

Unter der Linde
Ehrenmal

später wurde sie Gerichtslinde. Nun versammelten sich unsere Vorfahren in regelmäßigen Abständen unter ihren Ästen und sprachen Recht. Mancher Forscher leitet den Namen Upstedt von dieser Gerichtsstätte ab, ‚Up de stee', wo Recht sproken wurde.
Aber nicht nur Recht wurde unter der Linde gesprochen, der Platz unter ihr wurde zum allgemeinen Mittelpunkt des Dorfes, er wurde zum Thieplatz, die Linde wurde zur Thielinde. Irgendein Spaßvogel hat später der Linde den lautähnlichen Namen ‚Tillylinde' aufgepfropft. Tilly, der Feldherr der Katholischen Liga, hatte 1626 im nahen Städtchen Bockenem für ein paar Monate sein Quartier aufgeschlagen, nach Upstedt ist er jedoch nicht gekommen.
Der Upstedter Bürger, der auf seine Linde stolz ist, kennt schließlich den Baum nur als ‚Dicke Linde' oder ‚Tausendjährige Linde'. Die Linde war 1945 noch ein mächtiger Baum, unmittelbar über dem Boden betrug der Umfang des Stammes 17 m, in 1 m Höhe noch 14 m und dort, wo die Zweige ansetzten, noch 9 m. Die Maße stimmen heute nicht mehr. Die Linde ist nur noch ein Schatten einstiger Schönheit.
Den furchtbaren Verheerungen der Hildesheimer Stiftsfehde (1519—1523), als das ganze Dorf niedergebrannt wurde, hatte sie standgehalten. Eine Brandstiftung im Jahre 1908 wäre ihr beinahe zum Verhängnis geworden. Am 18. April spielten, wie gewöhnlich, die Kinder unter dem Baum und hatten Stroh und dürre Blätter im Hohlraum des Baumes aufgeschichtet und angezündet, dann machten sie sich aus dem Staube."

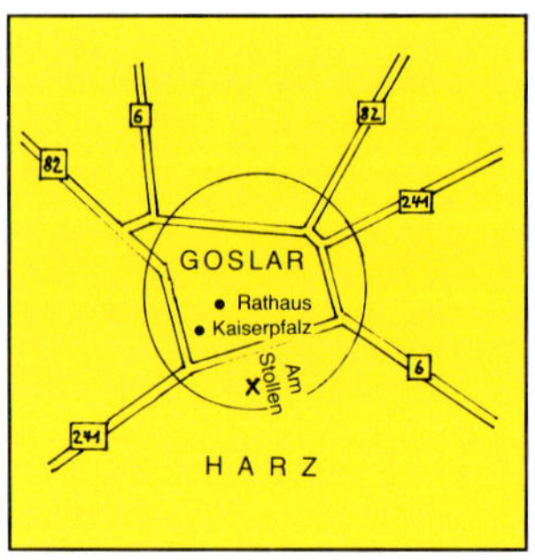

Die Stollen-Linde in Goslar

Goslar ist eine Reise wert, könnte man in Abänderung des Slogans für Berlin sagen. Die ehemalige Kaiserliche Freie Reichsstadt besitzt viele Sehenswürdigkeiten, die mit der deutschen Geschichte verbunden sind, dazu malerische Plätze, enge Gassen und hübsche Fachwerkhäuser.
Als altehrwürdige Stadt macht Goslar auch in bezug auf Bäume seinem Namen alle Ehre, in ihren Mauern kann man viele Baumpatriarchen bewundern. Der schönste und gleichzeitig stärkste Baum ist die Stollen-Linde in der Straße „Zum Stollen". In der kleinen Goslarer Broschüre „Unter den Bäumen einer alten Reichsstadt" heißt es über diese Linde: „Wird von keinem anderen Baum im Weichbild der Stadt Goslar an urtümlicher Kraft und adeliger Schönheit übertroffen."
Am 25. September 1585 war ein sehr langer Stollen nach jahrelanger Arbeit fertiggestellt worden, damals für den Bergbau ein großes Ereignis. Zu diesem Anlaß pflanzte man noch im gleichen Jahr eine Linde, die Stollen-Linde.
Sie steht frei auf einem kleinen grasbewachsenen Hügel innerhalb des Stadtgebietes, Wohnhäuser gruppieren sich in genügendem Abstand um sie herum. Der wunderschöne alte Baum hinterläßt einen besonders tiefen Eindruck; er ist mit seiner großen gutgegliederten Krone harmonisch gewachsen, und der starke, wulstige Wurzelanlauf mit den weit auslaufenden knuffigen Wurzeln fällt schon von weitem ins Auge. Auf der Erde gemessen, beträgt der Umfang des Stammes 16,50 m. Natürlich ist die Linde wie die meisten ihres Alters in-

Erwähnenswert sind ferner: die große Linde am Breiten Tor; die Kirchenlinde von St. Stephani; die achtarmige Linde in der Nähe der genannten Reste der Lindenbaum-Allee; die große Linde an der Frankenberger Kirche; alte Eiben im Garten der Kaiserpfalz; Alteichen am Kammweg des Zwingerwalls und am Zwingerturm. Herrliche alte Bäume sind eigentlich überall in Goslar zu finden, auch die Roßkastanien in den Straßen machen einen ehrwürdigen Eindruck. Viele dieser grünen Riesen stehen unter Denkmalsschutz. Die Stadt gibt sich viel Mühe mit ihren Baumveteranen und pflegt sie vorbildlich.

Goslar pflegt seine alten Bäume und schützt ihr hohles Inneres mit Gittern.

nen hohl. Den Verlust an Stabilität und Wasserversorgung gleichen viele alte Linden aus, indem sie sogenannte Innenwurzeln bilden, ein anschauliches Bild dieser Selbsthilfe ist auf Seite 16 zu finden. Die moderne Baumsanierung ersetzt den Kernverlust durch Gewindestäbe, die quer durch den hohlen Stamm gehen und auf den Außenseiten mit Scheiben und Muttern gehalten werden. Sie sind bei der Stollen-Linde deutlich zu erkennen.
An der Nordseite der ehrwürdigen Martinskirche stehen zwei weitere Linden, die noch um einige Jahre älter sind. Die Ratsherren Grimme und Meyer pflanzten sie im Jahre 1532 zur Erinnerung an eine für Goslar geschaffene reformatorische Kirchenordnung. Sie erhielten den Namen ,,Luther-Linden''. Beide sind ebenfalls hohl im Stamm, aber gut erhalten und gepflegt.
Im Südosten der Stadt blieben in einer ruhigen Straße von einer ehemaligen Lindenbaum-Allee sechs alte Bäume übrig, eine siebente Linde hat man erfreulicherweise in neuerer Zeit hinzugesetzt.

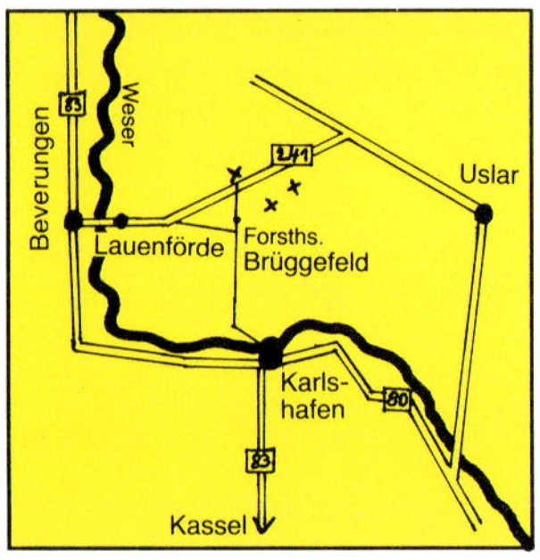

Die riesigen Eichen in der staatl. Revierförsterei Brüggefeld

Auf den südlichen Hängen des Sollings liegt oberhalb der Weser, etwa zwischen Karlshafen und Beverungen, die staatliche Revierförsterei Brüggefeld. Sie ist in der glücklichen Lage, noch drei riesige Alteichen unter ihrer Obhut zu haben: die Missionseiche, die Schmessereiche und die Donnereiche.

Ziemlich dicht beieinander stehen die Bäume, das heißt in einem Dreieck von etwa dreihundert bis fünfhundert Metern Kantenlänge. Auf die Missionseiche, die stärkste der drei, stoßen wir gleich hinter dem Forsthaus Brüggefeld. Die Donnereiche steht unmittelbar an der Verbindung vom Forsthaus nach Norden zur Bun-

Die Missionseiche soll rund 1000 Jahre alt sein, ihr Stamm sieht aber immer noch heil und gesund aus. Auf dem Bild erkennt man leider kaum, daß dieser Baum zu den mächtigsten in Deutschland gehört.

desstraße 241, während wir die Schmessereiche etwa dreihundert Meter ostwärts im Bestand finden, indem wir einem Weg folgen, der zweihundert Meter nördlich der Donnereiche von der Straße abzweigt. Zwischen Donnereiche und Schmessereiche war bis vor wenigen Jahren noch eine Wüstung zu sehen, die leider jetzt aufgeforstet ist. Hier lag früher das Dorf Schmeesen, das 1447 in der Soester Fehde durch böhmische Söldner zerstört wurde. (Die Schreibweise, zunächst mit ee, dann ess, hat sich im Laufe der Zeit geändert.)
Nach diesem Dorfe ist in jüngster Zeit unsere eine Eiche benannt worden. Die Donnereiche trägt ihren Namen zur Erinnerung an den Oberlandforstmeister Donner (vor 1907), und die Missionseiche erinnert noch heute an die unter ihrem Schutz abgehaltenen Missionsandachten.
Alle drei Eichen warten mit außergewöhnlichen Maßen auf, insbesondere die Missionseiche, deren Brusthöhenumfang von 9,60 m und deren Höhe von 34 Metern sie zu einem der

Die Donnereiche, etwas schwächer als die Missionseiche, steht freier, und deshalb kommt ihre Größe auf dem Bild besser zur Geltung. Obwohl sie jünger ist, wirkt sie wesentlich älter und ist auf einer Seite bereits abgestorben.

mächtigsten Bäume Deutschlands machen. Aber auch die Schmessereiche (7,20/32 m) und die Donnereiche (7,10/28 m) stehen ihrer Nachbarin nicht viel nach.
Die Missionseiche wird auf tausend Jahre geschätzt und ist fast völlig gesund. Die Schmessereiche soll etwa achthundert und die Donnereiche siebenhundertfünfzig Jahre alt sein. Leider mußten beide in jüngster Zeit zwei Astabbrüche durch Stürme hinnehmen. Die Donnereiche ist außerdem auf der südwestlichen Seite schon abgestorben.
Der wunderschöne zusammenhängende Laubwald, der unsere drei Eichen beherbergt, kann übrigens noch mit einer Kuriosität aufwarten: Etwa fünfhundert Meter vom Forsthaus entfernt, an der Straße in Richtung Karlshafen, verschlingen sich eine Eiche und eine Buche zu einem Doppelbaum. So gestaltet sich die Reise in die staatliche Revierförsterei Brüggefeld zu einem der eindrucksvollsten Besuche, die man Bäumen abstatten kann.

Die Schmessereiche steht mitten im Bestand, wo es recht dunkel ist. Nicht nur an ihren dicken Ästen, sondern vor allem im Vergleich mit anderen Bäumen erkennt man ihre Ausmaße.

Die uralte Linde in Elliehausen

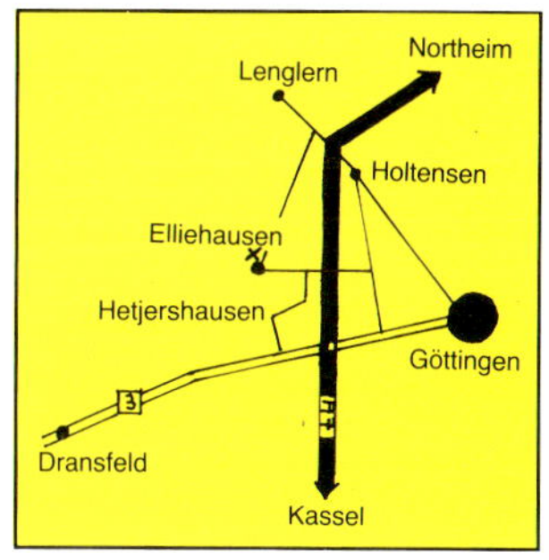

Westlich der Autobahnabfahrt Göttingen Nord liegt der kleine Ort Elliehausen, heute ein Ortsteil der Stadt Göttingen. Hier steht eine wunderschöne Sommerlinde mit riesiger Krone, deren Alter Fachleute auf 700 bis 800 Jahre schätzen. In 1,30 m Höhe hat sie einen Stammumfang von 7,80 m. Ihr Stamm ist wulstig und beulig, tiefe Rillen wechseln mit breiten Wölbungen, und eine schmale Spaltöffnung

gibt sogar einen Blick in das hohle Innere frei. In vier Meter Höhe teilt sich der starke Stamm in zahlreiche Einzelstämme unterschiedlicher Stärke. Sie sind durch Seilanker miteinander verbunden, damit sie nicht auseinanderbrechen. Diese Baumhilfe kann man jedoch nur im Winter erkennen, im Sommer verbirgt sie ein grünes Blättermeer, das bis in die höchste Kronenspitze reicht. Bei der früheren Sanierung hat man außerdem Gewindestäbe in den hohlen Stamm gezogen, die man durch den Spalt erkennen kann. Aller Mulm und faules Holz wurden beseitigt und die Schadstellen mit Lac-Balsam behandelt.
Wenn der schöne Baum auch frei im Winkel einer Straßengabel inmitten des Dorfes steht und er überdies — sicher mit erheblichen Kosten — baumchirurgisch behandelt wurde,

Im Sommer zeigt sich die Linde als großes grünes Blättermeer, es verbirgt die Seilanker, mit denen die einzelnen stammartigen Äste zusammengehalten werden.

Am wulstigen beuligen Stamm kann das hohe Alter des Baumes abgelesen werden.

ließ man ihm leider nur auf einer Seite eine große mit Gras bewachsene Fläche als Wurzelteller. An den beiden anderen Seiten reicht die Straßendecke bis auf 20 cm an den Stamm heran und beeinträchtigt das Wurzelwerk natürlich stark. Die rotweißen Eisenpfähle mit der ebenso gestrichenen Kette stören das Bild ein wenig, eine Holzbrüstung hätte sicherlich hübscher und natürlicher ausgesehen. Daß man sich aber um die Gesunderhaltung des alten Baumes kümmert und ein Auge auf ihn hält, ist erfreulich und dankenswert.

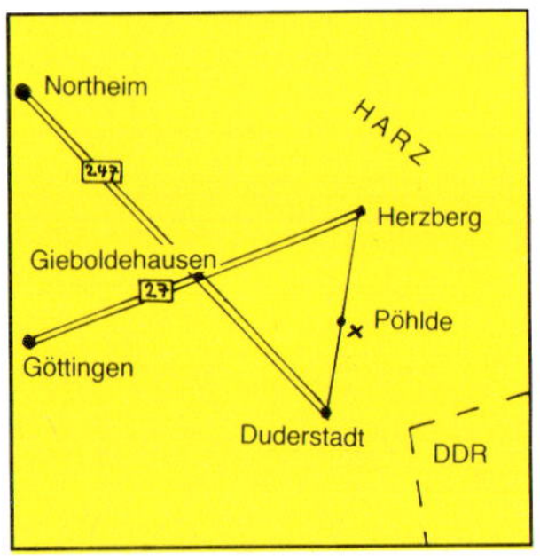

Die Ortslinde in Pöhlde

In der Chronik von Pöhlde wird die „Gerichtslinde'' zum ersten Mal in Verbindung mit dem Jahre 1048 erwähnt. Sie muß damals schon ein ansehnlicher Baum gewesen sein, sonst hätte man unter ihr nicht Gericht gehalten. Die Eintragung aus der Chronik wurde vor einigen Jahren auf eine hölzerne Tafel gemalt und am Stamm befestigt. Der Text lautet zeitlich auf die heutige Zeit übertragen: „Unter dieser 1000jährigen Linde fiel am Michaelistag 1048 Graf Thietmar im Zweikampf in einem Gottesurteil.'' Man kann ihr also mit gutem Grund ein Alter von 1000 Jahren zubilligen.

Später hat man den großen Baum als Tanzlinde benutzt; das dafür notwendige Holzgerüst beeinträchtigte natürlich das Wachstum der Krone, es wurde deshalb bereits im vergangenen Jahrhundert entfernt. Danach trieb die Linde wieder kräftig aus und bildete auch in der Mitte starke Äste. Heute zeigt sie eine prächtige Krone, und nichts erinnert mehr an ihre Verwendung als Tanzlinde.

Im Jahre 1962 wurde der Baum chirurgisch behandelt und saniert. Er macht mit einem Brusthöhenumfang von 8,40 und einer Wipfelhöhe von 22 Metern einen stattlichen und gesunden Eindruck. Bei seinem Anblick glaubt man nicht, daß er schon so alt ist und wirklich zu unseren Baumveteranen gehört. Er steht frei auf einem Rasenplatz, der zum Schutz der Wurzeln mit einem Jägerzaun eingefriedet ist.

Wenn man vom hohlen Stamm dieser Linde absieht und nur den Baum in seiner Gesamtheit auf sich wirken läßt, vor allem die mächtige, hoch aufgebaute Krone, glaubt man nicht, daß diese Linde einst eine Tanzlinde war und bereits 1000 Jahre alt ist.

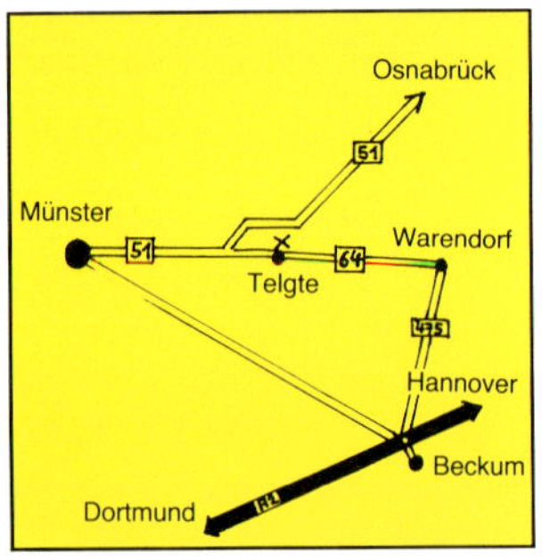

Ein altehrwürdiger Baum — leider jetzt an ungünstiger Stelle an einer Straßenkreuzung. Man sorgt sich um ihn. Ob er noch lange grünt?

Die Marienlinde in Telgte

Als Telgte im Jahre 1238 das Stadtrecht erhielt, pflanzte man vor jedes der drei Stadttore eine Linde. Nur eine von ihnen lebt auch heute noch, hat also ein verbürgtes Alter von rund 750 Jahren. Sie ist etwa 20 Meter hoch und hat in Brusthöhe einen Umfang von 8,90 m.

Der Baum hat mehrere Löcher im Stamm, die durch das Vergehen des inneren Holzes oder auch durch tiefreichende Astabbrüche entstanden sein mögen. Durch eine größere, heute zugemauerte Öffnung konnte man früher das Innere des Baumes betreten. In wiederum einer anderen Höhlung befindet sich ein geschnitztes Gnadenbild, das um 1530 dort aufgestellt wurde, als die Linde etwa 300 Jahre alt war. Es soll aus dem Holz eines großen Astes gefertigt sein, der an dieser Stelle aus dem Stamm brach.

Der Stamm der Linde scheint recht kurz, bereits in 1,50 m Höhe breiten sich die ersten Äste aus. Das soll indes nicht immer so gewesen sein; beim Bau der Straße, die heute dicht an dem Baum vorbeiführt, sollen die dabei notwendig gewordenen Erdaufschüttungen einen Teil des Stammes zugedeckt haben. Überhaupt war der Straßenbau für die alte Linde recht nachteilig; der Baum steht nun an einer Straßengabel, ein großer Teil seines Wurzelraumes wurde zugepflastert, der starke Verkehr mit all seinen Abgasen führt sehr dicht an ihm vorüber und die schweren Fahrzeuge, besonders auf dem als Ausfallstraße in Richtung Münster führenden Teilstück, drücken und erschüttern den Baum in seinem Wurzelbereich.

Ob sich nicht doch etwas mehr zur Erhaltung dieser ehrwürdigen Linde tun läßt? Ist sie zum Tode verurteilt? Immerhin ließ man den Baum beim Straßenbau stehen und fällte ihn nicht wie seinerzeit die Kaiserbuche in Aachen, die dem Straßenbauamt im Wege war. Außerdem wurde er in den zurückliegenden Jahrzehnten schon zweimal mit einem Gesamtkostenaufwand von mehr als 12 000 DM saniert. Baumveteranen haben eben doch ihre Beschützer.

Die Kirch-Linde in Reelkirchen

Unmittelbar neben der 1000 Jahre alten Kirche in Reelkirchen steht eine majestätische Sommerlinde, die ebenfalls 1000 Jahre alt sein soll. Hoch wölbt sich die Krone dieses riesigen Baumes, und weit laden seine Äste aus. Es ist immer wieder erstaunlich, daß Bäume in diesem von uns gar nicht mehr zu überblickenden Alter noch die Kraft besitzen,

jährlich ein so überwältigendes Blattwerk zu entwickeln. Wie viele Blätter mag ein solcher Baum haben? Unsere Linde in Reelkirchen verdankt ihre Gesundheit guter Pflege. 1958 und erneut im Jahre 1972 wurde sie von der Firma Maurer baumchirurgisch behandelt. Vor allem wurden dabei die unteren schweren Äste durch Metallstangen abgestützt. Diese neun Äste, die nach der Überlieferung auf die neun Dörfer des Kirchspiels weisen, stehen fast waagerecht vom Stamm ab, etwa zwei Meter über dem Erdboden. Es liegt nahe, daß der Baum das gewaltige Gewicht eines Tages nicht mehr halten kann und daß die Äste dann ausbrechen und große Wunden hinterlassen; die Stützen sollen dies verhindern. Bei den Pflegemaßnahmen wurde trockenes und überzähliges Astwerk entfernt sowie außerdem Rindenbehandlungen und Bodenimpfungen vorgenommen.
Die Höhe der Linde beträgt zwölf Meter, ihr Brustumfang 7,40 m.

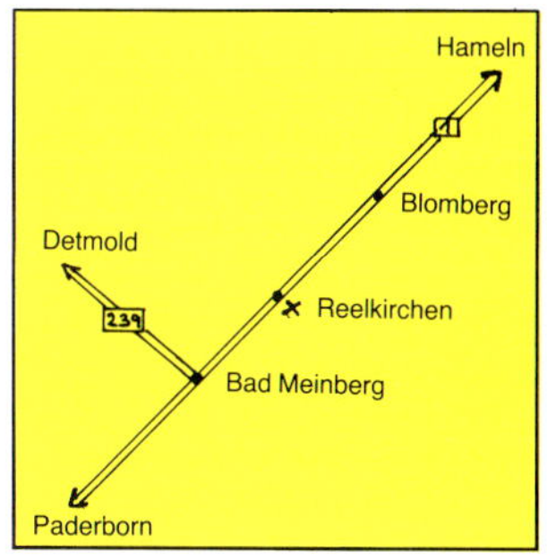

So herrlich kann eine gepflegte 1000jährige Linde noch grünen. Die schweren Äste müssen gestützt werden.

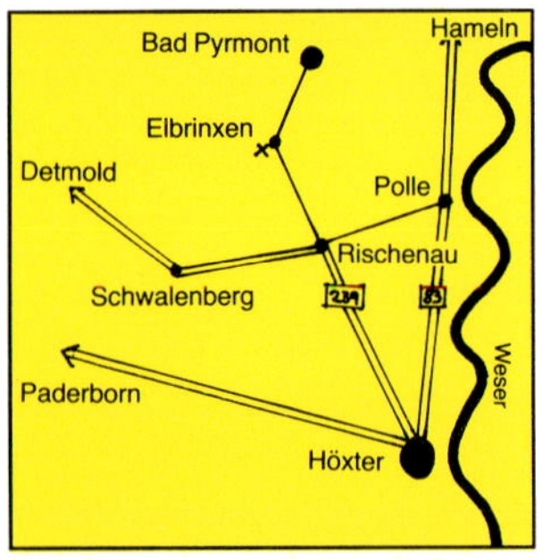

Das gewaltige Blätterdach beschattet den dicken Stamm so sehr, daß er im kleineren Bild nochmals gezeigt wird.

Die Wittekind-Linde in Elbrinxen

Auf dem großen Friedhof in Elbrinxen steht im unteren, dem Dorf zugewendeten Teil eine evangelisch-reformierte Kirche. Halbrechts davor sieht man schon von weitem eine riesige alte Linde, die man die Wittekind-Linde nennt. Der ehrwürdige Baum beherrscht mit seiner mächtigen Krone den ganzen Platz und kommt besonders gut zur Geltung, weil er auf einem etwa zwei Meter höheren Abschnitt des alten Gräberfeldes steht, inmitten aufgelassener Gräber und einiger stehengebliebener Grabkreuze. Vor die Linde setzte die Gemeinde ein Denkmal zu Ehren der Kriegsgefallenen.

Dieser Baumveteran, eine Sommerlinde, ist etwa 1000 Jahre alt und 21 Meter hoch. Ihr Umfang in Brusthöhe

beträgt 9,30 Meter. Die Lebenskraft eines solchen Baumriesen kann man nur ermessen, wenn man im Sommer unter seinem Blätterdach steht und die Ausmaße bewundert. 1000 Jahre — das ist leicht dahingesagt, übertrifft aber doch wohl unsere Vorstellungskraft.

Die Gemeinde pflegt ihren alten Baum und ist sich seines Wertes und seiner Besonderheit bewußt. Im Jahre 1973 ließ sie ihn für 6 000 DM sanieren. Über die Geschichte der Linde wurde leider nichts aufgezeichnet.

Die Feme-Eiche in Erle

Das Dorf Erle liegt etwa zwölf Kilometer südlich von Borken, und mitten in diesem Dorf steht die alte Eiche hinter einem kleinen Hain aus mächtigen Eßkastanien. Sie ist einer der ältesten Patriarchen Deutschlands; fast könnte man sie als Ruine bezeichnen, wenn sie nicht immer noch so kräftig im Saft stünde.

Nur drei größere, schalenförmige äußere Teile des Splintes mit Kambium, Bast und Rinde sind von dieser Eiche übriggeblieben, aber aus diesen Teilen sproßten Äste, Zweige und Blätter, die heute noch eine große und volle Krone bilden. Wenn man in Brusthöhe ein Bandmaß um die Schalenteile legt, mißt man 14 Meter, und die höchsten Wipfelspitzen erheben sich immer noch 12 Meter über den Erdboden.

Im Lauf des langen Baumlebens verging der innere Kern völlig, es entstand ein Freiraum von etwa drei Metern im Durchmesser. Hier hinein konnte man schon vor Jahren einen Tisch mit mehreren Stühlen stellen. Es wird erzählt, daß der Bischof von Münster anläßlich einer Firmung in diesem Baum mit zwölf anderen geistlichen Würdenträgern zur feierlichen Handlung Platz nahm.

Wenn es zutrifft, daß die Eiche heute 1500 Jahre alt ist — und es besteht kein Grund, daran zu zweifeln —, wird sie schon zur Zeit Karls des Großen mit ihrem damaligen Alter von 400 Jahren ein stattlicher Baum gewesen sein. Aus diesem Grunde, und dies ist verbürgt, wurden unter der Eiche Freigerichte gehalten. Dazu war dort ein Freistuhl aufgestellt, von dem aus die Freien Grafen gemäß der Grafschaftsverfassung Kaiser Karls Gericht hielten.

Vor einigen Jahren hat man den Baumveteranen mühevoll saniert. Das gesamte faule Holz wurde beseitigt und die um den Stamm festgetrampelte Erde vier Meter tief ausgehoben und durch neue ersetzt. Eine Kiesschicht darüber sorgt für bessere Bodenbelüftung und guten Wassereinzug. Der Wurzelbereich darf heute nicht mehr betreten werden. Die einzelnen Stamm-Schalenteile, die keine Verbindung mehr miteinan-

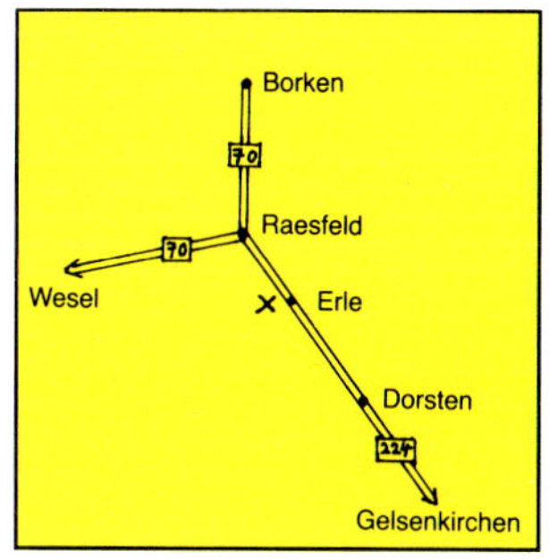

Ein auf Krücken gestützter Baumpatriarch, eine 1500 Jahre alte Eiche, vor der jeder Besucher stumm und andächtig verweilt.

der haben und somit leicht umbrechen könnten, wurden von außen durch hölzerne Träger abgestützt und innen durch Halteseile miteinander verbunden.
Wir müssen dankbar sein, daß uns dieses Naturdenkmal bisher noch erhalten blieb und daß man die hohen Kosten von rund 20 000 DM dafür nicht scheute. Und die alte Eiche dankt es! Sie lebt weiter, grünt und blüht wie eh und je und trägt sogar Früchte. Hoffentlich hält sie noch manchem Sturm stand, eine Erinnerung an längst vergangene deutsche Geschichte.

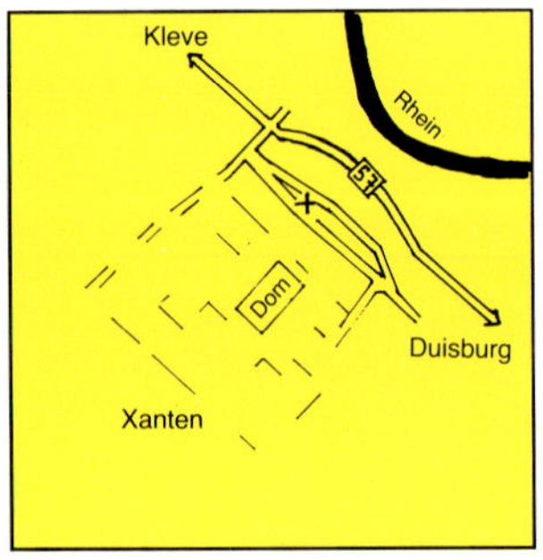

Die Alte Eibe in Xanten

Mitten auf dem Bürgersteig in der ,,Karthaus'' zu Xanten, nicht weit vom Dom entfernt, steht ein Baum, an dem viele Menschen achtlos vorübergehen. Sie wissen nichts von seinem Alter. Da steht kein knorriger Recke, kein bizarr geformter Baumgreis, kein ausladender Gigant, sondern ein Baum mittlerer Größe von nur 8,20 m Höhe mit einem Stammumfang von lediglich 1,65 m. Aber er hat etwa 1000 Sommer gesehen.
Die alte Eibe hat sogar den Bombenangriff auf Xanten im Jahre 1945 erlebt; leider verlor sie dabei ihre Krone. Da aber Eiben nicht nur langsamwüchsig, sondern auch besonders zäh sind, quittierte sie die schwere Verwundung nicht mit dem Tode, sie bildete neue Triebe und Zweige, kam aber bisher nicht über das angegebene Maß hinaus.

Im Gegensatz zu den meisten Eiben, die von der Basis her viele einzelne Stammtriebe bilden, hat die Xantener Eibe nur einen dicken Stamm, der mit seiner kupferroten Rinde schon von weitem auffällt. Betrachtet man diesen außerordentlich hartholzigen Stamm näher, kann man sich das Alter des Baumes schon eher vorstellen.
Die Stadt Xanten ist reich an Kunstschätzen und Baudenkmälern, ihr Prospekt weiß darüber viel zu berichten. Die 1000jährige Eibe indes wird nirgends erwähnt. Vielleicht würde ihr mehr Beachtung geschenkt, wenn sie die manchmal überdimensionalen Ausmaße einer alten Linde hätte. Vielleicht aber hat sie ihr Leben gerade diesem Umstand zu verdanken, denn so mancher große Baum mußte sterben, weil er dem Häuser- und Straßenbau im Wege stand, er wurde gefällt oder ging ein, weil man sein Wurzelgebiet zupflasterte. Verdient nicht dieser uralte Baum ebenso große Anerkennung und Ehrfurcht wie so manches steinerne Denkmal?
Vor dem Rathaus in Xanten steht die schöne, starke und ebenfalls beachtenswerte ,,Gerichts-Eiche''.

Ein „kleiner" Baum, dem niemand Beachtung schenkt. Dabei hat diese Eibe schon 1000 Jahre ins Land gehen sehen und im Krieg ihre eigentliche Krone verloren. Hätte sie nur etwas mehr Luft über den Wurzeln!

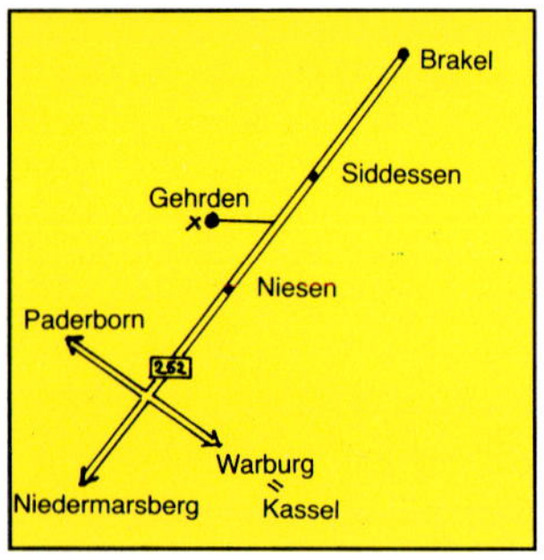

Die Zwölf-Apostel-Linde zu Gehrden

Das hier gemeinte Gehrden liegt im Kreis Warburg etwa 25 km östlich von Paderborn. Im Garten einer Klostergründung aus dem Jahre 886 steht unsere alte Linde. Das jetzt noch erhaltene Klostergebäude wurde 1142, die Kirche 1190 errichtet, etwa um diese Zeit soll die Linde gepflanzt worden sein, sie wäre demnach heute 800 Jahre alt.

Bei völligem Freistand konnte sich die Linde nach allen Seiten prachtvoll entwickeln, kein Pflaster beeinträchtigte das Wachstum ihres Wurzelwerks. Sie ist 21 Meter hoch, und ihre gewaltige Krone hat einen Durchmesser von 30 Metern. Das Auffallendste an diesem Baum ist seine Spannrückigkeit; das ist ein forstlicher Ausdruck, er besagt, daß der Jahresringaufbau nicht rund ist, sondern viele unregelmäßige Aus- und Einbuchtungen aufweist. Dies ist hier in besonders starkem Maße der Fall, so daß die Frage auftaucht, ob nicht im Laufe der Jahre zwölf eng beieinander stehende Bäume zusammengewachsen sind. In der Chronik ist darüber nichts zu finden. Jedenfalls hat der Baum im unteren Stammteil einen zwölfsäuligen Aufbau mit einem Umfang von 9,30 m. Aus diesen Säulen erwachsen zwölf einzelne große Bäume (zwölf Apostel), die gemeinsam eine riesige Krone bilden. An einem Karfreitag vor etwa 35 Jahren brach plötzlich einer dieser Bäume — der „Judas" — aus dem Verband heraus und fiel zu Boden. Dabei brach er aus dem unteren gemeinsamen Stammteil ein großes Stück heraus.

Nach dem zweiten Weltkrieg hat man die Linde gründlich restauriert. Eine Plattform innerhalb der Krone, die man über eine Treppe erreichen konnte, wurde entfernt, altes morsches Holz ausgeschnitten, Wunden behandelt, Löcher geschlossen, aber nicht mit Steinen und Zement verplombt. Drahtseilanker verbinden jetzt die großen Äste, und der Boden wurde sachkundig mit Vorratsdünger versehen. So bleibt zu hoffen, daß uns dieser herrliche alte Baum noch lange erfreut.

Bei freiem Stand und unbehindertem Wurzelwachstum konnte sich die Linde zu einem wahren Ungetüm von Baum entwickeln und ihre Krone herrlich entfalten. Sie wird daher in drei Bildern vorgestellt. Eins zeigt den Stammaufbau, der aussieht, als seien mehrere Bäume zusammengewachsen; das nächste gibt einen Blick in das Kroneninnere mit den vielen Halteseilen frei; das große Bild zeigt den ganzen Baum in all seiner üppigen Pracht.

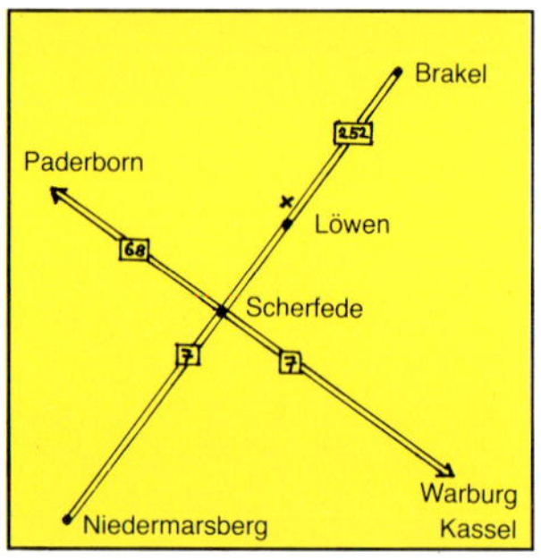

Sie ist Stürmen schutzlos ausgesetzt und erhielt darum früh alle nur möglichen Baumhilfen.

Die Femelinde bei Löwen

In der Gemarkung Löwen, Kreis Höxter, steht etwa 200 Meter nördlich von Löwen eine alte Linde völlig frei in der Landschaft, auch ohne weitere Bäume in der Nachbarschaft. Es ist schon ein Wunder, daß sie nicht den starken Stürmen vergangener Jahre zum Opfer fiel.

Die Linde ist nicht ganz so alt wie manche anderen in diesem Buch. Wo soll man die Grenzen zum Veteranenalter ziehen? Trotzdem sei sie erwähnt, weil sie gehegt und gepflegt wird.

Es wird erzählt, daß sie 1648 zur Erinnerung an das Ende des Dreißigjährigen Krieges gesetzt sei. Man nimmt aber an, daß sie 150 bis 200 Jahre älter ist und stuft sie bei 500 Jahren ein. Früher einmal, zeitlich nicht

mehr feststellbar, ist ihr aus unerklärlichen Gründen die Krone abgeschnitten worden. Sie hat zwar den Schnitt überlebt, war aber lange Zeit im Wachstum gehemmt. Ihr Brusthöhenumfang beträgt 5,90 m.

Vor einigen Jahren ließ man die Linde von der Firma Maurer baumchirurgisch behandeln. Wegen des fehlenden Kernes erhielt sie Gewindestabverstärkungen im Stamm, und in der Krone wurden Drahtseilanker zwischen die starken Äste gespannt. Der Stamm des Altbaumes sieht sehr malerisch aus, und die Linde macht einen gesunden und wüchsigen Eindruck. Es ist erfreulich, daß man sich um den alten Baum kümmert und sich seiner nicht erst erinnert, wenn es zu spät ist.

Die tausendjährige Eiche bei Borlinghausen

Diese uralte Eiche ist die zweitstärkste ihrer Art in Westfalen. Sie steht etwa einen Kilometer ostwärts des Dorfes Borlinghausen unmittelbar am Wege nach Peckelsheim. Mit Freude und Genugtuung kann der Besucher feststellen, daß die zuständige Gemeinde ihren Baumveteranen pfleglich behandelt. Eine niedrige Umzäunung weist auf seine Besonderheit hin, Tisch und Bank in seiner Nähe laden zum Verweilen ein. Der Riese selbst ist gut gepflegt und trotz seines hohen Alters im Sommer üppig belaubt.
Tiefen Eindruck macht die Stärke des Stammes mit einem Brusthöhenumfang von 10,85 m; in 50 cm Höhe beträgt er sogar 12,75 m. Leider hat der Stamm sich durch den Verlust des

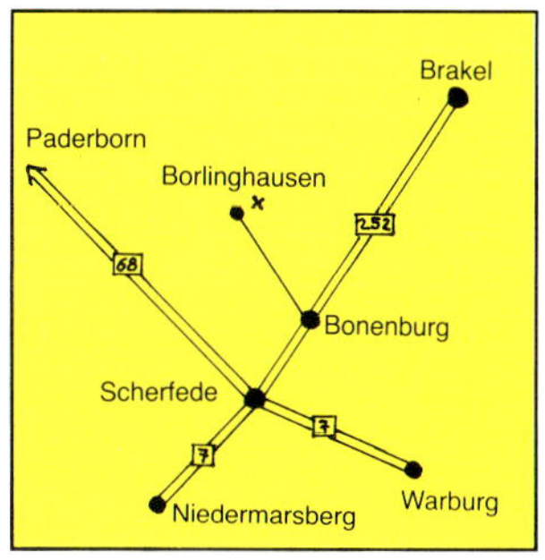

Hartnäckig kämpft diese alte Eiche gegen das Alter an. Sie brachte nach der Sanierung neue Triebe — ein Wunder der Natur.

Kernholzes in zwei Teile geteilt. Der Hohlraum dazwischen ist so groß, daß sich 15 Schulkinder einer wandernden Schulklasse darin aufstellen konnten.
Bei der letzten baumchirurgischen Behandlung sind die beiden Baumteile durch eingezogene Gewindestäbe wieder fest miteinander verbunden worden, damit sie nicht zur Seite umbrechen können. Die in einer Höhe von 2,50 m über dem Erdboden aus den beiden Teilen aufstrebenden zwei Äste sind in sich wie riesige Bäume, der eine mißt an seinem Ansatzpunkt 7,50 m und der andere 6,50 m im Umfang.
Die Höhlung wurde bei der Behandlung von allem Mulm und vor allem von der früher angebrachten Steinplombe und von faulem Holz befreit und alsdann, wie heute üblich, mit Lac-Balsam bestrichen. Auch in der Krone wurden zur Stabilisierung Stahlseilanker angebracht. Der alten Eiche haben diese Maßnahmen gutgetan, sie bedankte sich mit neuen Austrieben und frischem Grün.

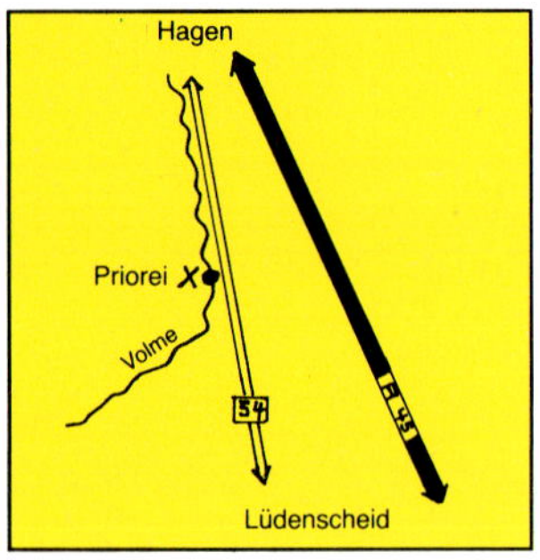

Die Priorlinde oder Briggerigge in Priorei

Im Volmetal verläuft die alte Landstraße, die Hagen mit Lüdenscheid verbindet; auf deren halbem Weg liegt Priorei. Hinter dem Bahnhof, etwa 100 m hangaufwärts, findet man neben dem Gasthaus gleichen Namens die 1000jährige Priorlinde. Sie hat eine ganz besondere, von allen anderen alten Linden abweichende Form. Aus einem nur etwa 1,50 m hohen und an der schwächsten Stelle 9,40 m im Umfang messendem Stamm streben sieben mächtige Äste fast waagerecht nach allen Seiten. Sie sind nur etwa vier Meter lang. Aber an ihren Enden wachsen mehr als zwölf größere Äste senkrecht bis zu 15 Meter in die Höhe. Vor der Sanierung des Baumes im Jahre 1970 sollen diese Äste noch sehr viel höher gewesen sein, sie sind wegen der starken Belastung des Stammes bei Wind und Schneeauflage gekürzt.
Zwei der umfangreichen waagerechten Äste werden sowieso schon seit vielen Jahren von Betonpfeilern gestützt, weil man ihr Ausbrechen befürchtete. Da die Linde insgesamt starke Alterserscheinungen aufwies, ließ man sie 1970 durch den schon mehrmals genannten Baumchirurgen Maurer behandeln, der sehr viel Arbeit aufwenden mußte, weil sie innerlich schon stark mitgenommen war. Es würde zu weit führen, alle Sanierungsarbeiten aufzuzählen, die zur Rettung alter Bäume notwendig sind. Einige summerische Angaben

Dieses bizarre Gebilde ist eine 1000jährige Linde, die mit viel Aufwand am Leben gehalten werden konnte. Der merkwürdige Aufbau ist nur im Winter so deutlich zu erkennen. Das Farbbild zeigt die Stützen für die waagerechten Äste, das hohle Innere und die Metallstreben, die den Stamm nicht auseinanderbrechen lassen.

mögen genügen: Krone verkleinern, dürres Holz herausschneiden, Äste verankern, Wundflächenbehandlung, Faulstellen ausschaben, Pilzabwehrbehandlung, Stamm vollständig befreien von Mulm und Pilzholz, Verschluß aller Höhlungen durch Gitter und zum Schluß Behandlung des Wurzelraumes mit Einbringen einer Tiefenvorratsfütterung.

Damit ist für die Priorlinde zur Zeit alles getan worden, was erhoffen läßt, daß sie noch lange Zeit der Nachwelt erhalten bleibt.

Noch etwas zum seltsamen Namen dieses Baumes und des Ortes: Unwillkürlich bringt man den Namen mit einer Klosterniederlassung in Verbindung, was aber nicht gerechtfertig ist. Eine solche gab es dort nie. Der Ort hat vielmehr früher ,,Briggerei'' geheißen, woraus später Priorei wurde. Brigge aber wird auf Brügge = Brüchte = Gericht zurückgeführt. Vermutlich hat es unter der Linde früher ein Freigericht gegeben. Es ist auch gleich verständlich, was die alten Leute dort, wenn man sie nach der Linde fragt, antworten: ,,Briggerigge''. Da Brigge Gericht bedeutet und ,,igge'' nichts anderes als Ecke, ist Briggerigge also ein ,,Ort, wo Gericht gehalten wird''.

Die alte Linde in Aachen-Forst

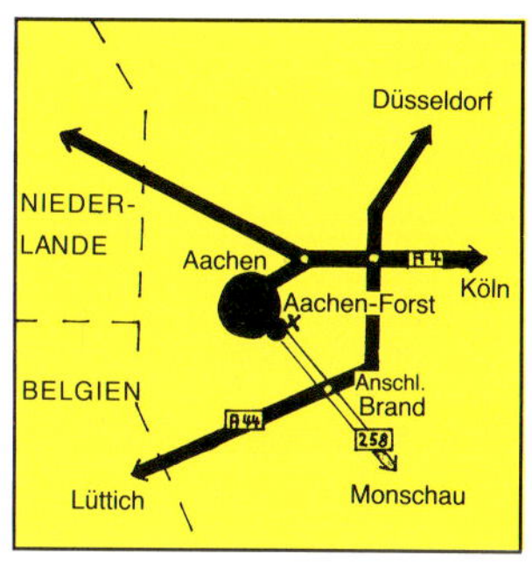

Es gibt im Aachener Raum keinen Baum, der mit seinem Alter, seinem Umfang und seiner Würde an die Linde bei der Kirche im Ortsteil Forst heranreicht. Schon von weitem sieht man ihre große Krone, die von fünf starken Ästen gebildet wird. Der Platz zwischen Kirche, Schule und dem historischen Schultheißhaus wird von diesem mächtigen Baum beherrscht.

Vor 1390, als Forst noch Hochgerichtsbarkeit besaß, wurden an diesem Ort Bluturteile gesprochen. Wenn die Linde zu der Zeit schon gestanden haben sollte, müßte sie jetzt über 600 Jahre alt sein. Das kann leider nicht belegt werden, aber der Baum ist von einigen Experten sogar auf ein Alter von 800 Jahren geschätzt worden (Fürst Pückler, Muskau und andere 1852).

Die Linde hat heute in 1,50 m Höhe einen Umfang von 10,30 m. Vergleicht man dieses Maß mit dem anderer Linden, kann man ihr durchaus

Die hohe Umzäunung schirmt die alte Linde gut ab, sie wäre sonst gewiß ein beliebter Kletterbaum und die Hohlräume dienten als bequeme Ablage für Abfälle. In der Krone sind die Stahlseile zu erkennen, die die Äste zusammenhalten.

ein Alter von 800 Jahren geben. Sie ist eine Winterlinde; diese Art wächst langsam, wird 20 bis 25 Meter hoch und kann ein Alter von 1000 und mehr Jahren erreichen.

Bis zum 6. Oktober 1970 besaß Aachen einen anderen sehr schönen und allseits geliebten Baum, die Kaiserbuche mit 25 m Höhe, 20 m Kronendurchmesser und 5 m Umfang in Brusthöhe. Sie wurde dem Straßenbau geopfert, obwohl sie gesund und im besten Zustand war. Der Kampf der Bürger um die Erhaltung der Buche dauerte acht Jahre und endete mit dem Sieg der Naturschänder. Dies war der Ablauf des Dramas:

1. 1962 wurde der Baum im Naturschutzbuch gestrichen!

2. Die Straße wurde zwar so verlegt, daß der Baum zunächst stehenbleiben konnte, doch der Bordstein war nur 3,50 m vom Stamm entfernt.

3. Damit lief die Trasse über ein Viertel der Wurzelfläche; die Straßendekke machte man wasser- und luftundurchlässig, der Baum litt durch Druck und Erschütterung des Straßenverkehrs.

4. Eine südlich anschließende, den Baum schützende Dickung wurde abgeholzt, der Boden auch unter der Buche planiert, vermutlich durch schwere Raupen verdichtet.

5. Diese Fläche verschwand unter einer Schwarzdecke. Warum versuchte man nicht eine Rettung durch Lochsteine? Ein weiteres Viertel der Wurzelfläche ging verloren.

6. Die Kaiserbuche starb acht Jahre später. Der herrliche große Baum hatte nur ein Alter von 150 Jahren und hätte noch 150 Jahre leben können. Holzuntersuchungen zeigten deutlich seine Wuchshemmung, seit 1962 ging die Stärke der Jahresringe ständig zurück. Der Kampf der Bürger war umsonst gewesen.

Naturschutzgebiet Urwald Sababurg

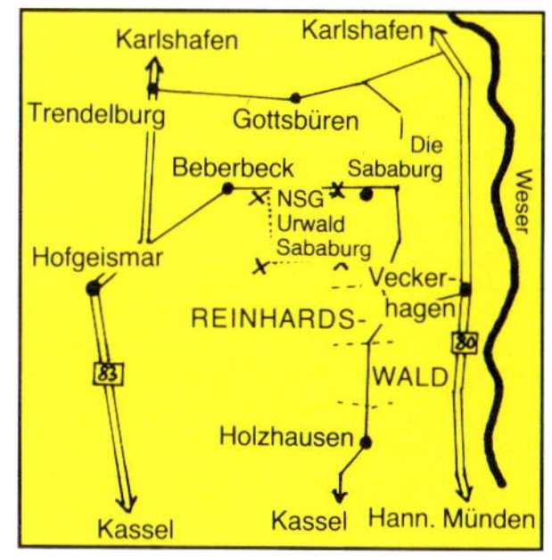

Im großen Reinhardswald, einem bezaubernden Waldgebiet auf den Höhen westlich der Weser und nördlich von Kassel, befindet sich auf halbem Wege zwischen Beberbeck und der Sababurg ein Naturschutzgebiet von rund 92 Hektar Größe. Es ist kein Urwald im Sinne des unberührten Naturwaldes, sondern ein Waldgebiet, das seit langem nicht mehr forstlich genutzt wird und das früher ein Hutewald war, ein Wald, in den das Vieh getrieben wurde. In diesem ,,Urwald'' wächst alles, wie es will und stirbt, wie von der Natur vorgegeben. Keine menschliche Hand greift mehr ein.

Eine Wanderung auf schmalen Wegen durch die Urwaldwildnis wird zu einem tief beeindruckenden Erlebnis. Etwa fünfzig Alteichen trifft man in diesem Gebiet, manche stehen allerdings so versteckt, daß man sie nur schwer findet. Die ältesten sind rund 800 Jahre alt, und die stärkste hat einen Umfang in Brusthöhe von neun Metern. Jeder dieser gewaltigen Rekken wirkt imponierend, jeder hat sein typisches Erscheinungsbild. Die eine Alteiche ist schon hohl, der gesamte Kern ist verschwunden, sie steht nur noch auf wenigen schwachen Schalenteilen, und ein großer Haufen Mulm hat sich an ihrem Fuß aufgeschichtet. Eine andere ist fast völlig abgestorben, nur in der äußeren Spitze ihrer zersplitterten Krone sind noch ein paar grüne Blättchen zu sehen. Daneben steht eine, deren Stamm von oben bis unten eine breite Blitzrinne aufweist; die Rinde ist in einer Breite von zwei Metern abgesprengt und weithin in den Wald geschleudert worden. Diese schwere Verletzung wird wohl in absehbarer Zeit zum Tode führen. Und einige Eichen sind schon vor Jahren gestorben. Gebrochene Stämme und gewaltige Äste liegen am Boden, Moose, Gräser und Farne haben sich auf den Resten angesiedelt, ein eindrucksvolles Bild vom ewigen Werden und Vergehen in der Natur.

Nicht allein das Alter hat viele Eichenriesen zu Bilderbuch-Veteranen gemacht, auch die schweren Stürme der letzten Jahre haben ihnen böse

Der tiefe nach rechts abgehende Ast ist ein starker Baum für sich, sein Umfang am Ansatz beträgt 3,40 m, seine Länge 11 m.

mitgespielt. Manche Bäume verloren einen Großteil der Krone, abgebrochene Äste hängen herab oder liegen als wildes Gewirr am Boden. Hier wird nichts „aufgeräumt". Eine „Ordentlichkeit", die viele Menschen auch der Natur aufzwingen möchten, gibt es nicht.

Die imposanteste Eiche steht nahe am Eingang zum Urwaldgebiet. Ihr Stammumfang in Brusthöhe mißt 9 m, ihre Höhe 21 m. Das Auffälligste an ihr ist das fast völlige Fehlen der Rinde. Während sich der Hauptstamm senkrecht emporreckt, zweigt in vier Meter Höhe ein sehr schwerer Ast in einem Winkel von 45 Grad ab. Nur er hat an seiner Spitze einige grüne Blätter, und sie allein lassen den Baum noch nicht sterben.

Im südlichen Teil des Reinhardswaldes gibt es einige weitere schöne Alteichen, von denen manche allerdings so versteckt stehen, daß man sie nur schwer findet. In der Abteilung 225 trifft man auf die schönste, ein 800jähriger Gigant mit einem Brusthöhenumfang von 8,50 m. Ihm droht zum Glück kein Unheil durch die unermüdliche Bautätigkeit der Menschen.

Nur an wenigen Stellen findet man bei uns noch ähnlich eindrucksvolle Bilder vom ewigen Werden und Vergehen in der Natur wie hier. Hoffnungsfrohe Stämmchen stehen neben uralten geborstenen und geschundenen Gestalten, alten Eichengiganten, die sich mit letzter Kraft gegen ihr Ende wehren. Hier greift auch der Mensch nicht ein, abgebrochene Äste bleiben liegen, wie sie gefallen sind.

Wie ein Mahnmal reckt sich diese fast abgestorbene Eiche hoch empor. Nur der gewaltige Seitenast zeigt noch etwas Grün und hält den Baum am Leben. Seine Stammrinde ist weitgehend vergangen, seine Höhe beträgt 21 m, sein Brusthöhenumfang 9 m. Eines Tages wird auch dieser Recke zusammenbrechen, und aus seinen am Boden liegenden vermodernden Ästen wird junges Leben sprießen.

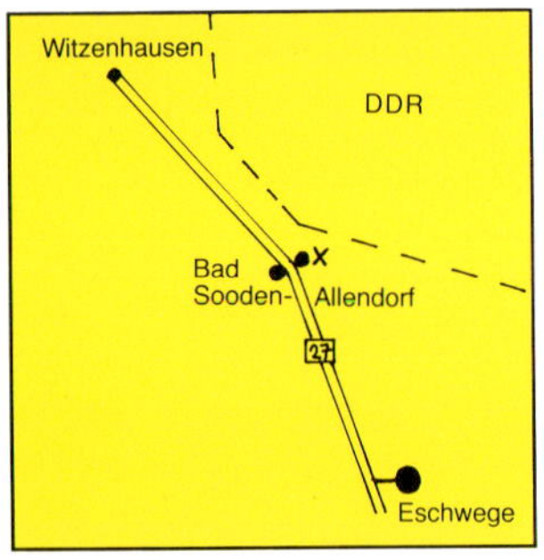

Eine Nachfolgerin der alten Linde, die „am Brunnen vor dem Tore" stand.

Die Linde in Bad Sooden-Allendorf

In Allendorf, diesem an der Werra gelegenen schönen Badeort, steht an einem ostwärtigen Stadtausgang noch heute ein Brunnen mit einer Linde. Das Gasthaus daneben trägt — natürlich — den Namen „Linde". Auf dem Stein, der die eingefaßte Quelle in ein steinernes Becken sprudeln läßt, ist eine Steinplatte mit folgender Inschrift angebracht:

Am Brunnen vor dem Thore.
Franz Schubert komponierte sein volkstümlich gewordenes Lied im Jahre 1827 nach einem Text von Wilhelm Müller, der durch dieses Motiv von Brunnen und Linde zu seinem Gedicht angeregt wurde.

Dieser schöne Platz ist durch das Gedicht mit seiner herrlichen Vertonung zwar dem ganzen deutschen Volke bekannt geworden, wo er aber liegt, weiß fast niemand.
Die frühere starke Linde, die dort am Brunnen stand, war im Jahre 1219, als Allendorf die Stadtrechte erhielt, gepflanzt worden. Sie wurde fast 700 Jahre alt, am 12. 5. 1912 zerschlug sie ein Wirbelsturm. Im darauffolgenden Jahr hat man sofort eine neue Linde gesetzt, jedoch erst der siebente Baum, gepflanzt im Jahre 1923, faßte Fuß. Alle anderen waren schon nach kurzer Zeit eingegangen. Heute ist dieser noch junge Baum schon zu einer stattlichen Linde herangewachsen. Er gehört zwar eigentlich nicht in die Reihe der Baumveteranen, aber als Hinweis auf Franz Schuberts Lied mag die Ausnahme gestattet sein.

Die Linde in Lischeid

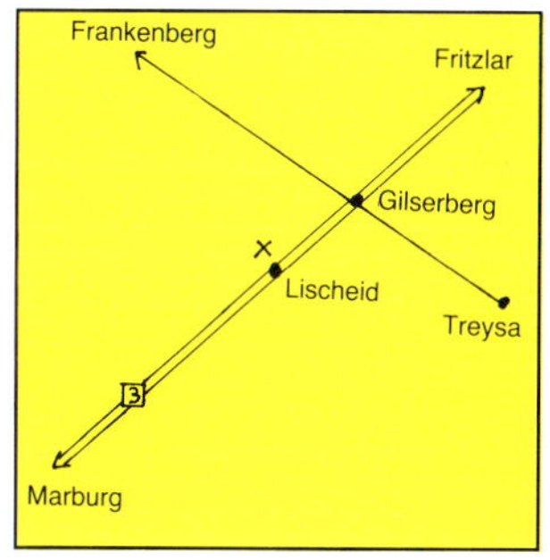

Das kleine Dorf Lischeid an der B 3 etwa 25 km nördlich von Marburg liegt auf der Wasserscheide zwischen Rhein und Weser. Dichte Wälder machten diese Landschaft in vor- und frühgeschichtlicher Zeit sehr unzugänglich, so daß die hier lebenden Chatten von der Völkerwanderung nicht erfaßt wurden. Um das Jahr 800 begann man, kleine Lichtungen in den Wald zu schlagen, daraus entstand der Name Lichtenscheit, später Lischeid.
Etwa 200 Jahre später errichtete man dort die erste kleine Kirche und legte einen Friedhof an. Dicht daneben wurde eine Linde gesetzt. Unter ihr versammelte man sich zu Beratungen und fröhlichen Festen. Um Kirche und Linde herum wurden nach und nach feste Anwesen gebaut, wie es in der ersten Niederschrift über Lischeid aus dem Jahre 1251 heißt. Bis heute sind Baum und Kirche der Mittelpunkt des Dorfes geblieben, und demnach müßte die Linde 1000 Jahre alt sein. Ihre geringe Stärke mit einem Brusthöhenumfang von 4,30 m läßt indes die Vermutung aufkommen, daß sie in Wirklichkeit noch nicht gar so alt ist und eine Vorgängerin am selben Ort hatte, obwohl dies nirgends vermerkt steht. Der Baum ist nur neun Meter hoch, er konnte aber auch keine natürliche Krone aufbauen, weil er immer wieder gekappt und gestutzt wurde. In drei Meter Höhe zweigen zahlreiche

Obwohl von keiner Überlieferung bestätigt, scheint der Baum mit seiner erzwungenen Wuchsform einst eine Tanzlinde gewesen zu sein, denn der Hauptstamm in der Mitte fehlt.

Ein Balkengerüst muß die schweren, fast horizontal verlaufenden Äste stützen.

Äste waagerecht vom Stamm ab. Ein Balkenkranz, der 1978 erneuert wurde, stützt sie von unten ab. Diese erzwungene Wuchsform und der fehlende Mitteltrieb lassen darauf schließen, daß einst ein Tanzboden in die Linde eingebaut war, überliefert ist dies jedoch nicht. Am Ende der fast genau horizontal verlaufenden Äste streben über zwanzig weitere Äste ungehindert nach oben, aber auch sie hat man nach einem Wachstum von vier Metern abgesägt. Aus den Schnittstellen entsprießen zahlreiche kleinere, die eigentliche Krone bildende Zweige. Zur Sommerzeit, wenn der Baum im vollen Laub steht, sieht die Linde daher aus wie ein großer Pilz mit einem breiten grünen Hut.

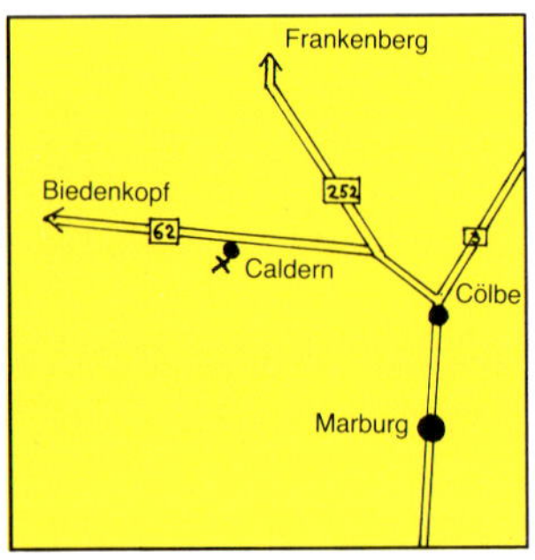

Die Hof-Ulme in Caldern

Am südlichen Ortsrand von Caldern, Kreis Biedenkopf, steht auf dem Grundstück des Landwirtes Pfeiffer eine Ulme von dreihundert Jahren. Dieses Alter nimmt sich im Vergleich mit dem vieler anderer der beschriebenen Bäume recht bescheiden aus. Dennoch wollen wir den schönen und stattlichen Baum nicht unerwähnt lassen. Er hat einen Brusthöhenumfang von 4,40 m und ist siebzehn Meter hoch.

Die Ulme ist früher in Deutschland viel häufiger als Hof- und Alleebaum vorgekommen als heute. Der Grund für ihr Verschwinden aus unserem Landschaftsbild ist die sogenannte Ulmenkrankheit, die etwa um das Jahr 1921 um sich griff, zahlreiche Ulmen befiel und vernichtete. Im Kapitel über die einzelnen Baumarten wird näher darüber berichtet. Leider zeigt die Calderner Ulme seit 1976 in den höchsten Spitzen einige trockene Äste, was befürchten läßt, daß auch sie vom Ulmensterben befallen ist.

Alte Ulmen sieht man heute längst nicht mehr so häufig wie früher. Hoffentlich bleibt diese von der unheilvollen Ulmenkrankheit verschont.

Die Alte Linde in Himmelsberg

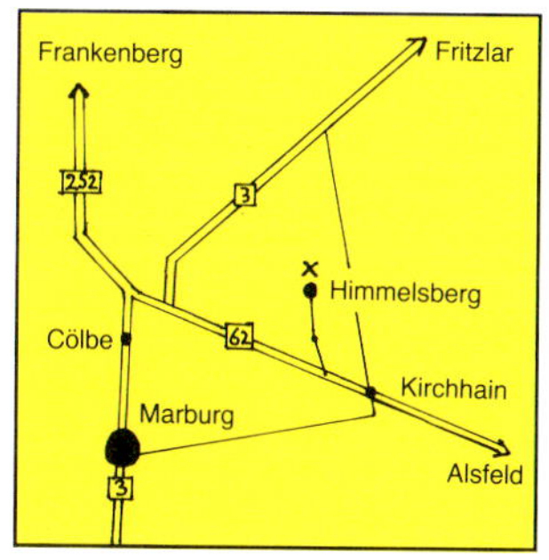

Obwohl sie ,,Alte Linde'' genannt wird, hätte ihr der Name ,,Kirchen-Linde'' eigentlich besser angestanden, denn die nahe Kirche und der Baum sind zu einem Begriff geworden.
Das Dorf Himmelsberg soll um 1243 gegründet worden sein, etwa aus dieser Zeit kann auch die Linde stammen. Vermutlich war sie früher eine Tanzlinde, denn in einer Höhe von etwa drei Metern endet der Hauptstamm und verzweigt sich, wie bei allen Tanzlinden, zu einzelnen Hauptästen, die am Rande des Stammes stehen. Nur in Gegenden, wo der Bast der Linden als Bindematerial für Körbe gebraucht wurde, also in Obstbaugebieten wie in Effeltrich, diente die Kappung des Hauptstammes nicht der Aufnahme eines Tanzbodens, sondern der horizontalen Weiterführung der Äste, aus denen die begehrten Sprosse wuchsen.
Der Umfang der Linde beträgt in Brusthöhe 8,75 m, ihre Höhe 25 m. 1967 hat man den Baum von Fachkräften behandeln lassen. Die üblichen Sanierungsarbeiten wie Faulstellenbeseitigung, Stahlseilverspannung, Stützen und Baumfutterungen kosteten 5 245,— DM. Zur allgemeinen Empörung hat leider ein vorbeifahrender LKW 1972 einen großen Ast abgerissen. Solche Verletzungen beeinträchtigen das gesunde Wachstum eines so alten Baumes natürlich erheblich.
Die ,,Alte Linde'' ist oft besungen worden und in die Geschichte des Kreises Marburg eingegangen. Dazu hat auch die Amöneburg beigetragen, die Bonifatius als Benediktinerkloster im Jahre 722 gründete. Bonifatius, ,,Apostel der Deutschen'', ließ viele alte heilige Eichen der Germanen abschlagen und wurde später von den Friesen erschlagen.

Auch dieser Linde wurde einst der Hauptstamm gekappt, wie auf dem kleineren Bild gut erkennbar. Wie urweltliche Ungetüme winden sich die Äste seitwärts und nach oben, ein Holzgerüst muß sie stützen.

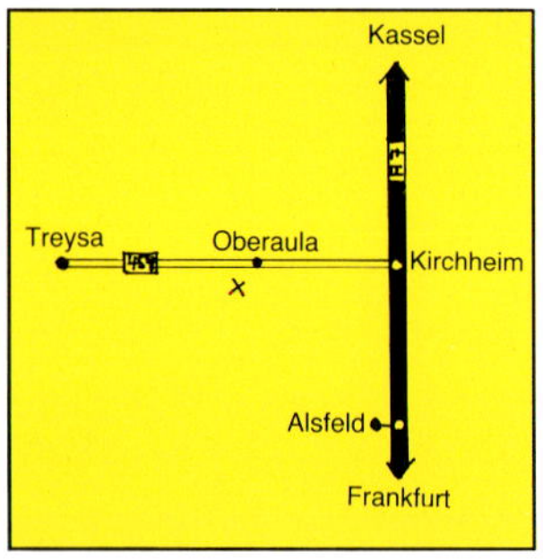

Drei malerische Eichenveteranen, Bäume, die den Begriff Zeit verwischen. Auf alten Gemälden vergangener Jahrhunderte kann man solche Recken häufig wiederfinden.

Die alten Eichen bei Oberaula

Beim sogenannten „Schafstall", einem Waldstück südwestlich von Oberaula, ganz in der Nähe des heutigen Schwimmbades, stehen drei stattliche Eichen, deren stärkste 6 m Umfang und 18 m Höhe hat. Ihr Alter ist nicht genau belegt, da sie aber schon 1799 als markante Bäume erwähnt werden, schätzt man sie heute auf 800 Jahre. Sie stehen nahe beieinander, behindern sich aber nicht gegenseitig im Wuchs. Manch trokkener Ast ist in ihren Kronen zu sehen, die Schönheit der Eichen wird dadurch jedoch nicht beeinträchtigt, im Gegenteil, es verstärkt die Würde dieser Baumveteranen.

Die mächtigste der Alteichen hat den besten Platz; etwas weiter nach Süden entfernt von den beiden anderen steht sie frei an einer offenen Ackerfläche. Sie empfängt die volle Sonneneinstrahlung, und gegen westliche stürmische Winde schützt sie ein Hochwald, Gründe dafür, daß sie sich besser entwickelt hat als ihre Schwestern. Sie ist hochgewachsen und steht auf einem starken Stamm. In drei Metern Höhe entstand durch Astabbruch ein Loch, das sicher manchem Tier als Wohnung dient.
Früher bestanden die großen Wälder in der Umgebung Oberaulas im wesentlichen aus Eichen und Buchen. Die Eichen nutzte man zum Hausbau, das Buchenholz zum Heizen und den Samenabfall, Eicheln und Bucheckern, zur Mast der Haustiere, besonders der Schweine, denn damals war noch die Waldweide üblich. Nadelhölzer wurden dort in früheren Zeiten kaum angebaut, weil die Stämme wegen des Fehlens größerer Flüsse nicht abtransportiert werden konnten. Dies änderte sich erst mit der Verbesserung der Straßenverhältnisse, nun war es möglich, Nadel-Stammholz über weitere Strecken zu verfrachten.
Aber auch zur Zeit der Umwandlung von Laubwald in Nadelholzbestände blieben häufig einige Laubbäume stehen, entweder weil sie schon sehr alt und stark, oder weil sie aus besonderen Gründen gepflanzt worden waren. So findet man in den dortigen Wäldern heute noch eine größere Zahl sehr alter Bäume. Fast immer deutet dies auf Privatbesitzer hin, die

aus Tradition oder zur Erinnerung an Vorfahren, die bestimmte Bäume pflanzten, diese alten Bäume nicht fällen. Der Staatswald muß sich schon große Mühe geben, wenn einzelne Bäume alt werden sollen, denn bei ihm entfällt der Faktor der persönlichen Bindung. Hier kann nur die Eintragung in Waldkataster mit Schutzverpflichtung helfen.
Dicht bei Oberaula liegt das kleine Dorf Hausen. Etwa ein Kilometer südöstlich davon stand einst an der Quelle des Münzenbaches die „Locheiche". Sie kann nur noch als darniederliegende Ruine betrachtet werden; an einem warmen und windstillen Tag im Jahre 1964 fiel sie plötzlich mit lautem Krachen um. Das Holz ist zum Glück nicht aufgearbeitet worden, so daß man immer noch den riesigen Stamm bewundern kann. Die Eiche hatte ein geschätztes Alter von 1000 Jahren und war am unteren Ende drei Meter dick. In einer Karte von Neukirchen und Oberaula vom Jahre 1568 ist die Locheiche schon als alter und markanter Baum eingetragen. Diese Karte liegt im Staatsarchiv in Marburg.

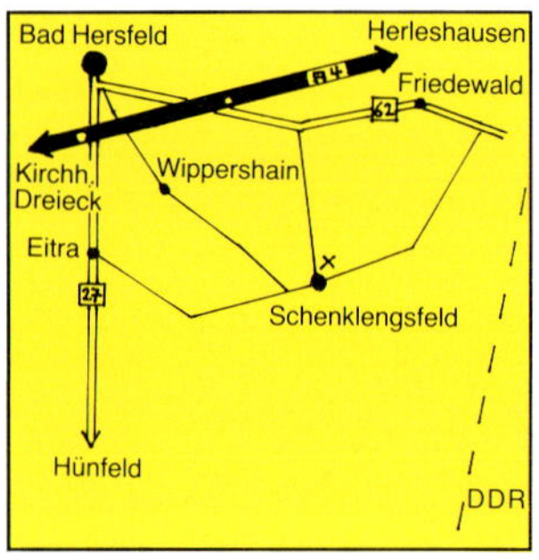

Die Tanzlinde zu Schenklengsfeld

Schenklengsfeld, etwa elf Kilometer von Bad Hersfeld entfernt, beherbergt in seiner Mitte ein wahres Kleinod, das der gesamten Bevölkerung sehr am Herzen liegt, die bekannte alte Linde. Alle zwei Jahre wird heute noch das Lindenblütenfest gefeiert. Die Maße des uralten Baumes betrugen im Januar 1978: Umfang in 50 cm Höhe 17,40 m; Höhe des Baumes 10 m; größter Kronendurchmesser 21 m.
Der Kern des Stammes ist, wie bei solch alten Linden die Regel, völlig vergangen. Innerhalb der vier äußeren Baumteile, die noch leben und aus denen die großen Äste und Zweige hervorsprießen, entstand ein etwa sechs Quadratmeter großer Freiraum. Hier liegt ein Stein, in den die Worte eingemeißelt wurden: „Gepflanzt im Jahre 760". Heute kann nicht mehr festgestellt werden, wer diesen Stein aufstellte und beschriftete, deshalb kann man sich auf die Angaben nicht unbedingt verlassen. Unterstellt man indes ihre Richtigkeit, wäre der Baum heute immerhin rund 1220 Jahre alt. Bei Vergleichen mit anderen Linden gleichen Aussehens, bei denen gesichertere Altersangaben überliefert sind, wäre dies durchaus möglich. Kontrollen durch das Abzählen von Jahresringen sind nicht mehr möglich, weil der Stammkern nicht mehr vorhanden ist.
Es folgt eine Aussage aus dem Jahre 1960 über die geschichtliche Vergangenheit:

Auf diesem Bild ist gut zu erkennen, wie pfleglich die geborstenen und angefaulten Äste mit Wundsalben und Gewindehalterungen behandelt wurden, damit der berühmte, wahrscheinlich über 1200 Jahre alte Lindenbaum noch erhalten bleibt.

Nur im Winter, wenn der Laubmantel fehlt, erkennt man, wie weit der Baum auslädt und wie er gestützt werden muß. Im Sommer liegt der Stamm in tiefem Schatten und ist nicht zu erkennen.

,,Ein Zeuge der im 8. Jahrhundert begonnenen Ansiedlung auf dem Felsvorsprung, von dem man das ganze Tal übersehen konnte, ist eines der herrlichsten Naturdenkmäler unserer Zeit, nämlich die 1000jährige Linde. Der Ritter St. Georg wurde von den Bewohnern des Ortes Lengsfeld im 8. Jahrhundert zum Schutzheiligen erhoben und ihm zu Ehren die Kapelle erbaut; hiermit dürfte das Anpflanzen der Linde verbunden gewesen sein, und das bezeichnete Alter derselben wäre sonach eher höher als niedriger. Der Überlieferung nach ist sie früher ein starker Baum gewesen, welcher durch einen Blitzschlag in vier Teile geborsten sein soll. Das Histörchen erzählt sich ganz gut, ist aber wenig glaubhaft. Sieht man einen Baum, den der Blitz getroffen hat, so ist nicht anzunehmen, daß der Blitz so regelrecht gespalten haben soll, der Riese wäre sicher nicht so glimpflich davongekommen. Wohl ist anzunehmen, daß die Äste des ungeheuren Baumes, die, wie bei jedem alten Lindenbaum, fast waagerecht gewachsen, wegen ihrer eigenen Schwere schon zur Zeit, als der Baum noch gesunder, vielleicht vor Jahrhunderten, durch ein Gebälk unterstützt waren. Der Kern des Baumes ist nach und nach verfault, was jedoch auf die Äste, da sie anderweitig gestützt waren, nicht mehr nachteilig einwirkte, besonders, da sie ihre Nahrung aus dem Bast des Stammes sogen.
Der Umfang der vier Teile des Stammes beträgt 18 m, der Hohlraum zwischen denselben 2—3 qm. Der Um-

Linden-
1 Schwein!

fang des auf einem Gerüst von 80 Balken liegenden Geästes mißt 110 m. Eine Mauer von einem Meter Höhe umrahmt das Ganze. Die grünende, alljährlich in voller Blüte stehende Linde ist der Schmuck der Umgebung, und zahlreiche Fremde lenken ihre Schritte dorthin, um dieses wohl einzigartige Naturdenkmal zu bewundern. Sie ist übrigens ein Spielplatz für die Jugend. Die früher so beliebten Kletterübungen auf den Ästen und das Abschneiden von Zweigen zu Pfeifen und Schalmeien, ebenso das Abpflücken der Blüten sind streng untersagt worden.
In früheren Zeiten fanden unter der Linde die Rügegerichte und auch die Jahrmärkte statt, außerdem wurden damals, wie auch heute noch, unter dem herrlichen Lindendache Tanzvergnügungen abgehalten.
Die obenerwähnten Rügegerichte wurden von der Gemeindevertretung abgehalten und hatten den Zweck, die Feldfrevler zu verurteilen. Diese Missetäter wurden, je nachdem der Fall leicht oder schwer war, an den Pranger gestellt, d. h. sie wurden an einen unter der Linde angebrachten Pfahl (Löngestock), an welchem sich ein Schließeisen befand, eine oder mehrere Stunden, oft auch einen ganzen Tag, angeschlossen. Diese Gerichte haben sich bis in die 50er Jahre des vorigen Jahrhunderts erhalten. Alte Leute wissen noch davon zu erzählen. Ein Aktenstück über die Rügegerichte befindet sich im Archiv zu Marburg. Im 17. Jahrhundert sind mit der Regierung in Kassel Verhandlungen über das Rügegerichtswesen gepflogen worden. Die Rügegerichte wurden von Karl dem Großen eingeführt. Im Jahre 1930 wurde die Linde neu eingefaßt und gestützt."
Hierzu eine Berichtigung. Die Aussage, daß die Äste aller alten Linden fast waagerecht wachsen, ist keinesfalls richtig, sie bilden große, nach oben wachsende Äste, wie man das bei der Linde zu Gehrden (Seite 61) gut erkennen kann. Lindenbäume, die so aussehen, wie die in Schenklengsfeld, werden durch Fortschneiden des Mitteltriebes so geformt. Alle an diesem Schnittpunkt neu austreibenden Zweige werden entweder wieder abgeschnitten oder in die Waagerechte gebogen und festgehalten, bis sie stärker geworden sind und in dieser Lage verbleiben. Dadurch erreicht man, daß auf die waagerecht verlaufenden Äste eine Lage Bretter für einen Tanzboden gelegt werden kann. Dies ist der eigentliche Zweck der beschriebenen Maßnahmen, die dann letztlich den Tanzlinden mit ihren Stützen, Tragebalken, Brettern wie auch der Wuchsform das besondere Aussehen verleihen. Das baldige Vergehen des Stammkernes ist wohl ebenfalls auf diese Vergewaltigung zurückzuführen, denn das fortgesetzte Verschneiden der Schößlinge wie auch die Druckstellen des Tanzbodens gestatten den Pilzsporen ein frühzeitiges Eindringen in den Holzkörper. Die Unterstützung der waagerechtliegenden Äste durch Pfeiler und Tragebalken ist immer dann eine zwingende Notwendigkeit, wenn die Äste weiter ausladen und der aufliegende hölzerne Tanzboden noch vorhanden ist. Meistens wird er bei den heutigen Baumsanierungen entfernt.
Im Jahre 1976 wurde die Linde von dem bekannten Baumchirurgen Maurer fachgerecht nach neuesten Erkenntnissen saniert. Die Gemeinde brachte dafür 11 000 DM auf. Mancher denkt vielleicht, daß das viel Geld für einen alten Baum sei. Ist aber die Erhaltung eines solchen einmaligen Naturdenkmals nicht ein Opfer wert? Was alles gerade für diesen Baum getan wurde, ist ausführlich im Kapitel über die neuzeitliche Baumpflege nachzulesen.

Alle zwei Jahre findet in Schenklengsfeld auch heute noch das Lindenblütenfest statt, und die alte Linde wird wieder zum Mittelpunkt bei der Bevölkerung der gesamten Umgebung. Um dieses Naturdenkmal und die damit verbundenen Bräuche zu erhalten, gab die Gemeinde schon 1976 den stolzen Betrag von 11 000,— DM aus.

So hoch und kerzengerade wird der Stamm einer Buche im Bestand gebildet. Diese Buche hat eine ganz andere Wuchsform als zum Beispiel die freistehende bei Nünningen, Seite 35. Leider sind ihre Tage gezählt, am Stamm zeigen sich bereits Faulstellen.

Die Buche bei Gladenbach

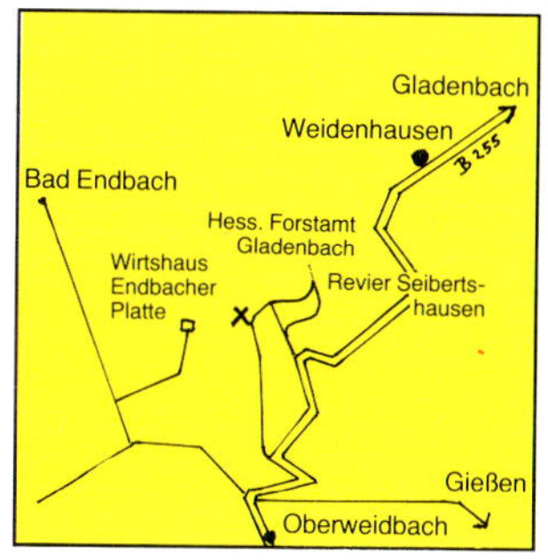

Im Hessischen Forstamt Gladenbach, Revierförsterei Seibertshausen, Abteilung 23A, steht eine sehr hohe und auch recht alte Buche. Dieses Revier habe ich in den letzten 24 Jahren meiner dienstlichen Tätigkeit betreut und so manches Mal mit großer Bewunderung und Ehrfurcht vor diesem schönen, kerzengerade aufgewachsenen Stamm gestanden. In der Krone beherbergt die Buche zahlreiche Einwohner der verschiedensten Tierarten, wie Baummarder, Eichhörnchen, Spechte, Hohltauben, Dohlen, Stare, Meisen, Baumläufer, Spechtmeisen, Bienen und sicher noch manche kleineren Lebewesen mehr, die man bei der Höhe des Stammes nicht mehr sieht.

Der Baum hat für die dortigen Bodenverhältnisse mit seinen 37 Metern eine gewaltige Höhe. Der Brusthöhenumfang beträgt 3,10 m und das Alter wird wohl, da die Buche aus dem dritten vorausgegangenen Umtrieb stammt, etwa 330 Jahre sein. Da der starke von Westen kommende Sturm den Baum an seinem Südosthang nicht mit voller Gewalt treffen konnte, hat er von dieser Seite aus keine besondere Bedrohung erfahren. Aber seine Tage sind schon gezählt, denn er fängt unten am Stammfuß wie auch am oberen Stamm an zu faulen. So wird ihn irgendein starker Windstoß doch in absehbarer Zeit erwischen und die Krone abbrechen.

Die alten Eichen bei Roßbach

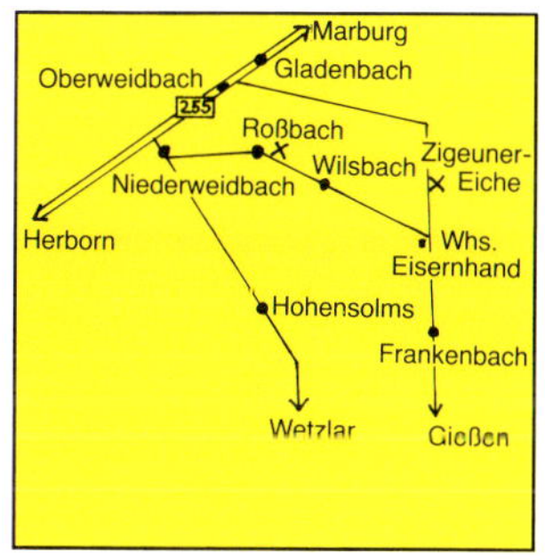

Roßbach ist ein kleines Dorf im Nordteil des Kreises Wetzlar, das eigentlich durch seine beiden uralten Eichen berühmt sein müßte. Leider wird sich wegen zweier Altbäume in der heutigen Zeit kaum noch ein Besucher in Roßbach einfinden. Dennoch ist ein Besuch zu empfehlen, die Schönheit und Eigenart der beiden etwa 800 Jahre alten Eichen wird zu einem Erlebnis.
Die eine der beiden Eichen, die geschützt im Grunde steht, ist mit ihren 18 Metern etwas höher gewachsen und hat eine sehr starke und rissige Borke. Hier steht man dem Urbild einer alten Eiche gegenüber, wie sie in unseren Liedern besungen wird, „sturmfest und erdverwachsen", mit weit ausladender Krone und knorrigen Verwindungen. Das Bild gibt zwar den herrlichen Wuchs des Altbaumes wieder, nicht aber die Kraft, die von ihm ausgeht. Steht man vor diesem Recken aus uralter Zeit, kann man sich eines ehrfurchtsvollen Schauers nicht erwehren.
Etwa 120 Meter höher im Waldrand steht die andere Eiche, wahrscheinlich auf recht steinigem Boden, denn sie ist niedrig geblieben. An ihrer Westseite mußte sie die starken Stürme spüren und büßte manchen Ast ein. Aber in den so entstandenen Höhlungen haben sich jetzt Käuze und andere Waldvögel häuslich eingerichtet, der alte Baum wurde zu einer großen Vogelwohnung. Bemerkenswert sind ihre starken Wurzelanläufe, ihre Rinde ist glatter als die der unteren Eiche. Leider kann man ihre Schönheit fotografisch schlecht einfangen, weil der Baum in die ihn umgebende Vegetation völlig eingewachsen ist, die Konturen seiner Krone verwischen sich mit denen anderer Bäume. Ihr Stammumfang beträgt sieben Meter.

Das Bild dieses prachtvollen alten Baumes steht auf der übernächsten Seite. Sie stellt das Urbild einer Eiche dar, so wie sie in den Liedern besungen wird.

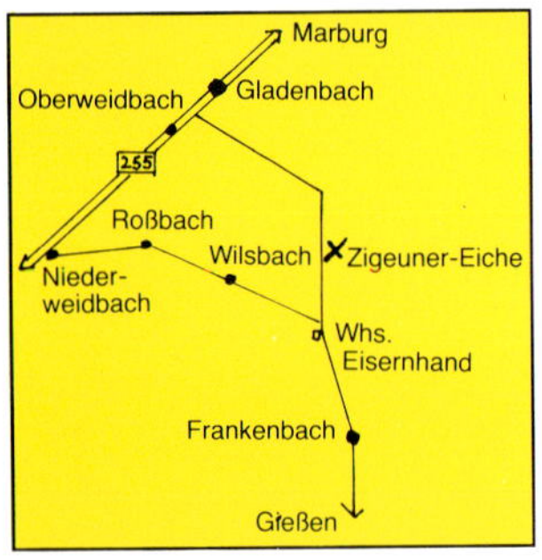

Erst aus der Nähe erkennt man die gewaltigen Ausmaße des Eichenstamms, ihn wirft der stärkste Orkan nicht um.

Die Zigeunereiche bei Wilsbach

In der Gemarkung Wilsbach steht bei Kilometer 32,1 der Landstraße 3047, die an der sogenannten „Zollbuche" von der B 225 in Richtung Gießen abzweigt, in einer Entfernung von etwa vier Kilometern von dieser Abzweigung eine alte Eiche, die Zigeunereiche. Der Standort wird deswegen so genau angegeben, weil man sie nur mit sehr viel Aufmerksamkeit entdeckt, obwohl sie dicht an der Straße steht. Ihr Stamm ist von Sträuchern und Gebüsch verdeckt, und in ihre Krone mischen sich die Zweige anderer Eichen und Fichten. Ihren Namen erhielt sie, weil in früheren Zeiten des öfteren Zigeuner in ihrer Nähe lagerten.

Sie hat heute ein Alter von rund 600 Jahren und eine Höhe von 16 Metern.

Ihr Umfang in Brusthöhe beträgt 6,10 m. Aus der Entfernung mag der Baum nicht so riesig wirken, wie er tatsächlich ist, das Bild seines Stammfußes indessen zeigt seine gewaltigen Ausmaße. Ein starker Ast, der zu schwer und zu lang geworden war, brach vor einigen Jahren während eines Sturmes ab, das Krachen muß ungeheuer gewesen sein. Überhaupt treffen die Winde diesen Baum, der unmittelbar am Waldrand nach Westen steht, immer mit voller Wucht, zumal die Feldfläche davor sich bis über Wilsbach hinaus frei und eben erstreckt. Äste mögen brechen, den Stamm des Baumes wirft nicht der stärkste Orkan um.

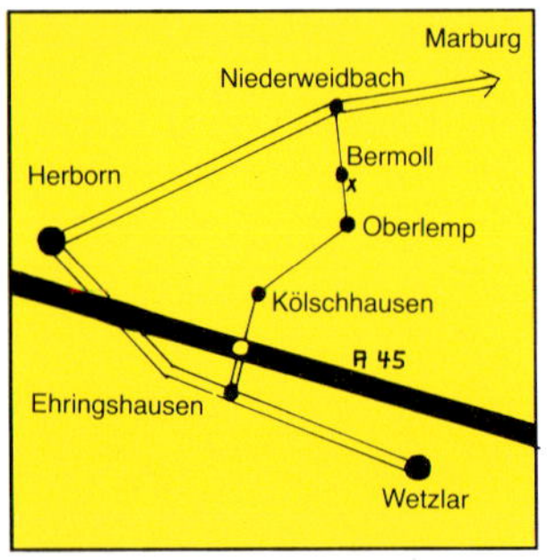

Die alte Linde von Bermoll

Nur im Winter wird der riesige Stamm mit seinen Wülsten und Schründen sichtbar.

Im Hohensolmser Land, nördlich von Wetzlar, gibt es ein kleines Dorf „am Berg in einer Mulde''. Aus dieser Bezeichnung soll im Laufe der Zeit der Name Bermoll entstanden sein. Dicht am ostwärtigen Dorfrand, seitlich der Straße nach Großaltenstädten, steht eine stattliche Linde. Sie sieht nach den vor einiger Zeit durchgeführten Sanierungsmaßnahmen recht gesund aus, ihr Stamm allerdings ist hohl, wie dies bei solch alten Linden üblich ist. Sie hat eine große und breite Krone und ist „das Wahrzeichen von Bermoll''.

Ihr Alter steht nicht genau fest, doch Experten sind sich darüber einig, daß sie etwa 800 Jahre auf dem Buckel haben muß. Ihr Umfang in Brusthöhe beträgt 10,25, ihre Höhe 14 Meter. Die Linde steht am Rande eines großen Angers, der der Dorfjugend schon seit jeher als Spiel- und Sportplatz diente, außerdem finden hier viele Festlichkeiten statt. Deshalb wurde bereits 1879 gelegentlich einer Glockenweihe der Platz neu planiert und mit einem kleinen Holzzaun eingefriedet. Unter der riesigen Krone können bis zu 400 Personen an aufgestellten Tischen und Bänken Platz finden. „Und wenn an warmen Sommertagen die Linde blüht, kom-

men Abertausende von Bienen, und die dicke Linde erscheint den Einwohnern von Bermoll als ein ewig junger Baum'', heißt es in der Chronik.
Daher wurde die Linde, als sie Alterserscheinungen aufwies, nach den neuesten Verfahren gut und sorgsam saniert. So bleibt sie hoffentlich noch lange am Leben, und unsere Nachfahren können beim Anblick des alten knorrigen Baumes über unsere heutige Zeit nachdenken, die ihnen vielleicht ebenso fremd ist wie uns die Vergangenheit vor 800 Jahren, als die Linde noch ein Bäumchen war.

Die Kirchenlinde in Langendernbach

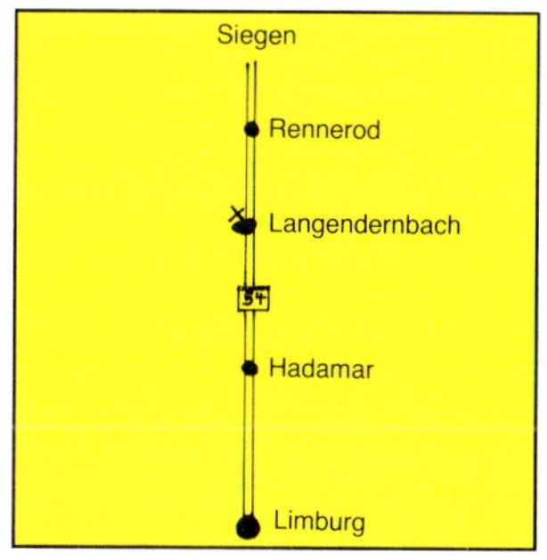

Dorflinden kennt man aus der frühesten Vergangenheit unseres Heimatlandes. Meist waren sie der Göttin Frigga geweiht, die uns noch heute als die „gute Fee im Lindenbaum'' in alten Märchen begegnet. Man vermutet, daß auf dem Platz der Langendernbacher Linde früher eine andere stand — vielleicht ebenso alt — und der Neuanpflanzung weichen mußte. In einer Chronik ist darüber leider nichts zu finden. Die Krone der Dort- oder Kirchenlinde war vor dem Kirchbau in vier Stockwerke aufgebaut, so gezogen und gepflegt worden. In der Linde, die mächtige Ausmaße besaß, wurde getanzt, gefeiert und getrunken. Keine Braut hätte es sich nehmen lassen, im ersten Stock den Brauttanz zu drehen. Im zweiten Stock der Linde saßen die Fiedler und Bläser, im dritten die Brauteltern, und der vierte blieb leer — er war den Überirdischen vorbehalten. Unten am Boden tanzte und vergnügte sich das Volk. Hier wurden auch Rügen erteilt, Verkäufe und Verpachtungen getätigt, Bekanntmachungen lautstark ausgerufen und Versammlungen abgehalten. Die Linde war der Freude- und Friedensbaum der Gemeinde.
Als 1896 die baufällige alte Kirche abgebrochen und das neue Gotteshaus errichtet wurde, wollte man die Linde verjüngen. Man schnitt die vier Stockwerke einfach ab. Noch deutlich kann man diese Amputation am Stamm in etwa 3,50 m Höhe sehen. Für die riesenhaften Ausmaße der Dorflinde sprechen die zahlreichen dicken Wurzeln. Kraftvoll überstand indes der Baumgreis die Radikalverjüngung und fand die Kraft, in fünfzig Jahren wieder eine mächtige Krone aufzubauen, die bald überdimensionale Formen aufwies. Das gewaltige Blätterdach überragt wie ein grüner Baldachin die St.-Matthias-Pfarrkirche, die 1896/97 gebaut wurde.
Könnte die alte Dorflinde reden, wüßte sie zu erzählen von längst vergessenen Geschlechtern, von Sorgen

Die Linde mit Blick auf die hinter ihr stehende Kirche. Von dieser Seite sieht sie fast aus, als habe sie noch einen festen Stamm.

Von einer anderen Seite wird die Teilung des Stammes deutlich sichtbar. Es scheint, als ständen hier mehrere Linden dicht beieinander. An den Lochrändern ist die Wundbehandlung zu erkennen, und das Gitter schützt den inneren begehbaren Teil des Stammes.

und Mühen, Freude und Leid der Bevölkerung. Sie begegnete unzähligen Kindern auf dem Weg zur Taufe, den Kommunionkindern und Brautpaaren — aber auch den Trauernden, Leidgebeugten und Hilfesuchenden. Sie alle mußten an ihr vorüber, wenn das Ziel die Kirche war. Immer stand sie in all den Jahrhunderten im Mittelpunkt des Dorfgeschehens als ein Symbol der Beständigkeit und unwandelbaren Treue. Leider ist der alte plätschernde Röhrenbrunnen vor der Linde beim Kirchbau 1896 entfernt worden. Reines, kristallklares Wasser spendete der Brunnen und labte seit Menschengedenken Roß und Wanderer, schreibt die Chronik. Um das Jahr 1000 wird man den Baum gepflanzt haben. Die Lage der Kirche an einem wichtigen alten Verkehrsnetz, die nahe Quelle und die zentrale Stelle im Ort haben sicher bei der Auswahl der Pflanzstätte den Ausschlag gegeben. Heute muß man sich wundern, daß der jahrhundertealte Stamm — eigentlich ist er nur noch Holzhülle — die schwere Krone tragen kann. Wäre die Linde noch ein ungeteilter Stamm, würde sein Umfang heute über elf Meter betragen. So aber hat er sich vor etwa 170 Jahren geteilt und ist dabei, sich noch einmal zu teilen. Diese Teilung ist nicht aufzuhalten, sie kann nur verzögert werden. Trotz allem ist der Zustand der Linde nicht schlecht. Sie wächst und wächst, und mit ihrem Wachstum nimmt der Stamm an Umfang zu. In ihren Wurzeln ist das Geheimnis ihrer Langlebigkeit zu suchen. Ein Glück für den Baum, daß er im Windschatten steht. Brüche wären sonst unvermeidbar. Schaden nähme dann das Dach des Gotteshauses.

Besorgt blicken die Langendernbacher Mitbürger bei Sturm hinauf zum Geäst, wo es knarrt und jault, als zürne der Greis dem ungebärdigen Wind. Den ungeheuren Winddruck auf das gewaltige Blätterdach kann man kaum ermessen. Und wer weiß um die erdrückende Schneelast im Winter? Im Laufe der Zeit brachen starke Äste ab und hinterließen Löcher im Stamm, den Schädlinge und holzzerstörende Pilze von innen ausgehöhlt haben. Aber immer wieder bringt die lebendige Rinde jährlich junge Triebe hervor. Die Erde versorgt den Baum ausreichend mit Wachstumsstoffen. Sie spendet ihm Lebenskraft.

Sicherungs- und Unterhaltungsmaßnahmen wurden 1959 an der Dorflinde durchgführt. Fachleute für Baumchirurgie und -pflege brachten verzinkte Stahlseilanker an, die den Baum vor dem Auseinanderbrechen schützen. Sie verletzen weder seine Rinde, noch hemmen sie sein Wachstum. Sturmanker sichern die Baumkrone, verhindern aber nicht das Ausschwingen der schweren Äste. Löcher, in denen das Wasser stehenblieb, wurden mit Plomben verschlossen. Vom Pilz befallenes Holz arbeiteten die Baumpfleger ab und immunisierten die Bereiche gegen neuen Befall. Der Rinde wurde besondere Sorgfalt gewidmet. Sie ist das Leben des Baumes. Wachstumsfördernde Hormonsalbe schloß die Wunden. Damals kosteten die Pflegemaßnahmen 3 500 DM. Land, Kreis, Gemeinde und Kirche steuerten ihren Beitrag den Kosten zu.

Seit Walther von der Vogelweide wird die Linde, der Lieblingsbaum der Deutschen, in vielen Liedern besungen. Die Heraldik bestätigt, daß sie schon im Leben unserer Vorfahren eine bedeutsame Rolle spielte. Ihre Blätter finden wir stilisiert auf den Wappen vieler alter Familien. Möge dieses Wunderwerk Gottes in der Natur in seiner eigenen Größe für sich, für uns und für kommende Geschlechter weiterwirken.

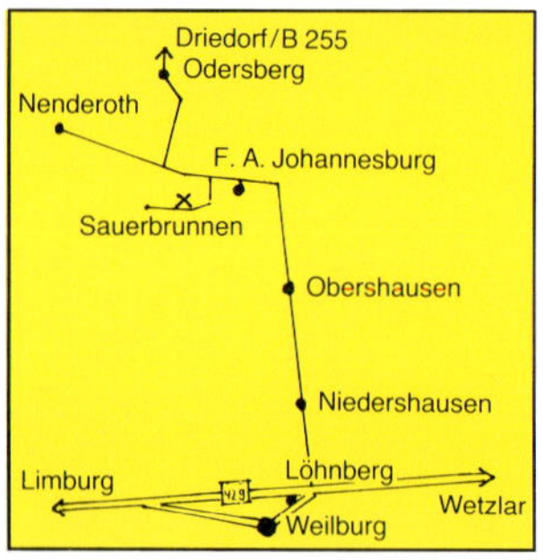

Die Beulen sind Astabbrüche, die im Laufe der Zeit von Rinde überwallt wurden.

Die starke Eiche bei Johannesburg

Johannesburg als Dorf oder Stadt wird man auf einer normalen Autokarte nicht finden, denn es handelt sich um ein ehemaliges Forsthaus, jetzt einen Aussiedlerhof. Auf dem zuständigen Meßtischblatt ist das Gehöft eingetragen. Von der Wetzlar mit Weilburg verbindenden B 429 geht kurz vor Löhnberg eine Kreisstraße in Richtung Norden zur B 225 bei Driedorf ab. Dieser Straße muß man bis zu dem ehemaligen Forsthaus folgen. Etwa 50 Meter hinter dem Gehöft zweigt ein Schotterweg nach Süden ab, an dem das Hinweisschild „Sauerbrunnen" angebracht ist. Nach etwa 300 Metern trifft man auf die gesuchte sehr stattliche Eiche, die direkt am Wege und am Waldrand steht.

Die Eiche soll etwa 1000 Jahre alt sein und scheint völlig gesund. Auffällig sind die außerordentlich starken Äste, die sie noch hoch oben in der Krone entwickelt hat. Ihr Umfang in Brusthöhe beträgt 6,10 m, ihre Höhe 29 m. Der alte Recke macht einen urigen Eindruck und stellt den Prototyp einer alten Eiche dar. Stark gedreht ist der Stamm, auf 15 Meter Länge ein halbes Mal um seine eigene Achse. Zusätzlich tritt eine ausgesprochene Spannrückigkeit auf, das bedeutet, daß der Stammquerschnitt nicht rund, sondern unregelmäßig gewellt ist. Weiterhin kann man zahlreiche Beulen erkennen; sie weisen darauf hin, daß hier vor langer Zeit Äste abbrachen und deren Bruchstellen später von der Rinde überwallt wurden. Auch jüngere, noch nicht verschlossene Abbrüche sind zu erkennen. All diese Merkmale, besonders aber die dicken Äste in der Krone, zeugen von der beeindruckenden Kraft des Patriarchen. Junge Buchen in seiner Umgebung unterstreichen diesen Eindruck noch. Da er unmittelbar an einem viel begangenen Weg zu einem Sauerbrunnen steht, ist er zahlreichen Menschen aufgefallen und dadurch bekannt geworden. Das Wasser des Sauerbrunnens ist übrigens dem ähnlich, das unweit in Nieder- und Oberselters gewonnen wird und als Selterwasser bekannt ist.

Die Dicke Eiche bei Waldgirmes

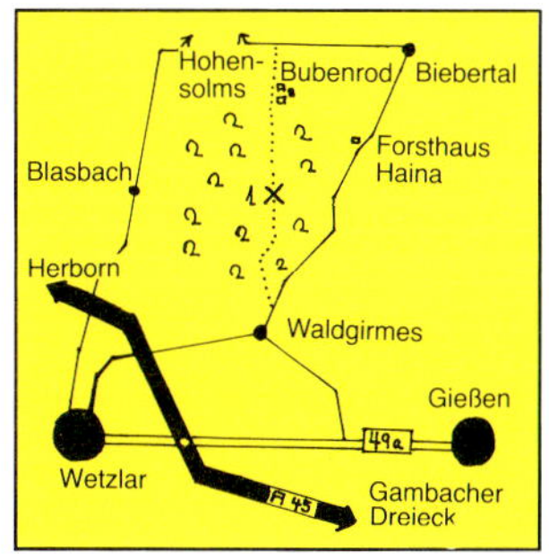

Im Norden von Waldgirmes, das 1971 seine 1200-Jahrfeier beging, steht tief im großen Gemeindewald die „Dicke Eiche" mitten auf einer fast schnurgerade verlaufenden alten Heerstraße, die im Volksmund „Wällerstraße" heißt. In alten Zeiten war diese Straße sicherlich von Benur „frei für Forstbetrieb"; man muß die Strecke von etwa einem Kilometer (Abzweigung von der Straße Waldgirmes — Biebertal etwa 100 Meter hinter dem letzten Haus von Waldgirmes) zu Fuß gehen, wenn man den Baum besuchen will.

Die Begegnung hinterläßt einen tiefen Eindruck. Ein Baumveteran steht vor uns, der sich noch mit letzter Kraft gegen das Ende wehrt. Etwa 22 Meter ist er hoch, stumpf abgesägt ragen riesige tote Äste gen Himmel. Der gewaltige Stamm mit einem Umfang von 7,70 m wird mit starken Eisenbändern zusammengehalten, und lange Eisenbänder und Trossen halten den Baum aufrecht. Die vielen Löcher in der Eiche hat man mit Zementplomben abgedichtet.

Im Jahre 1930 soll die Eiche die ersten Alterserscheinungen gezeigt haben. Der damalige Pfarrer zu Waldgirmes sah die Notwendigkeit, hier einzugreifen. Er sammelte Geldbeträge und fand auch hilfreiche Hände, der Baum wurde „saniert". Die Gewaltbehandlung hat aber sicher mehr geschadet als genützt. Heute haben wir bessere Erkenntnisse über die Pflegemaßnahmen für Bäume; wir sollten aber nicht anklagen, sondern den guten Willen loben. Man wußte es nicht besser.

Vor rund 100 Jahren, als unser Veteran noch voll in Saft und Kraft stand, besaß er sicher imponierende Ausmaße. Das mag den seinerzeitigen Pfarrer Anthes von Waldgirmes bewogen haben, am Himmelfahrtstag des Jahres 1878 einen Waldgottesdienst bei oder unter der dicken Eiche abzuhalten, und dieser Brauch hat sich bis auf den heutigen Tag erhalten.

Waldgirmes führt übrigens eine dicke Eiche in seinem Wappen, dazu mit Hammer und Schlegel einen Hinweis auf den heimischen Bergbau.

Ein Baumgreis, fast eine Ruine. Anklagend streckt die Eiche stumpfe Äste gen Himmel.

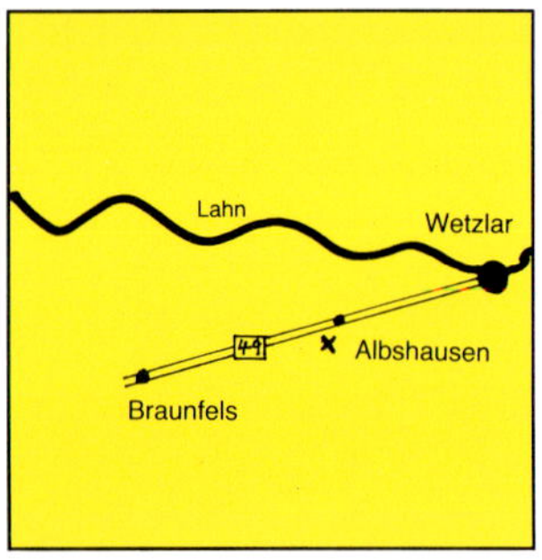

Die alten Eichen bei Albshausen

Seit der Gebietsreform gehört Albshausen zu Solms. In diesem Ortsteil gibt es mehrere starke Eichen, die in einem Eichen-Hain in der Nähe des Friedhofs zusammenstehen. Nur eine finden wir etwas abseits am Münchberg. Von allen diesen Eichen haben indes nur zwei beachtenswerte Stärken mit Brusthöhenumfängen von 7,80 und 5,10 m. Die Eiche am Münchberg kann nur einen Umfang von 4 Meter aufweisen.
Die beiden größten Eichen sind 19 und 22 Meter hoch und vor einigen Jahren durch Baumchirurg Maurer behandelt worden. Voraussichtlich bleiben uns also diese Prachtexemplare noch für längere Zeit erhalten, obwohl sie der Chronik nach schon 850 Jahre alt sind. Der große Hohlraum über dem Stammfuß der stärkeren Eiche beeinträchtigt diesen Baum hoffentlich nicht in seinem weiteren Wachstum.

Die alten Eichen tragen keine Namen, obwohl sie der Chronik nach schon 850 Jahre alt sind. Sie wurden vor einigen Jahren saniert und bleiben uns hoffentlich als stolze Recken noch lange erhalten.

Die Ortslinde bei Reinborn

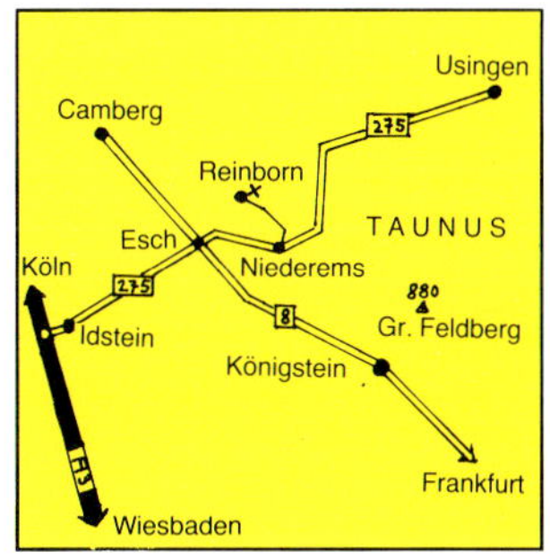

Reinborn besteht nur aus neun Gehöften, ein kleiner Ort im Taunus. Im Osten erhebt sich das große Massiv des Feldbergs, unterhalb des Dorfes fließt die Ems. Unser Baumpatriarch mit seinen wie Riesenkrallen wirkenden Wurzelansätzen steht frei vor dem Dorf auf einer kleinen Anhöhe, von der man weithin über Täler und bewaldete Höhen sehen kann. Bänke laden zum Ausruhen ein.

Die Linde soll tausend Jahre alt sein. Obwohl Altersschäden unübersehbar sind, weist sie noch ungeheure Ausmaße auf, sie wirkt fast wie ein kleiner Wald für sich. Der Kern des Baumstammes ist vergangen, die Äste und Zweige wachsen aus drei verbliebenen äußeren Schalenteilen, jeder etwa 1,50 m breit und 4,50 m hoch. Zwei davon hängen dicht über dem Boden noch zusammen. Der Umfang des Stammrestes beträgt, in einem Meter Höhe gemessen, 14,30 m, und die größte Höhe der Äste, die ihre Nahrung allein aus den äußeren Schalen beziehen, liegt bei 19,20 m.

Eigentlich ist der Baum eine Ruine, aber er grünt und blüht und trägt jährlich Früchte. Bei seinem freien Standort haben ihm die Stürme der Jahrhunderte natürlich stark zugesetzt, deshalb hat man in der Mitte des freien Raumes, man muß schon sagen mitten im Baum, einen starken Stahlträger errichtet. Die von ihm ausgehenden Drahtseile halten die einzelnen großen Äste wie auch die Außenwände des Baumes fest und schützen den brüchig gewordenen Veteranen vor weiteren Sturmschäden. Die früher oft für diese Zwecke verwendeten eisernen Ringel, die man um die Äste legte, um daran die Halteseile zu befestigen, haben sich nicht bewährt, weil sie das Holz einschnürten und den Saftstrom unterbanden. Deshalb gehen auch bei dieser Linde die Halteseile in Bohrlöchern durch die Äste und sind auf der Gegenseite an einer metallenen Platte als Widerlager befestigt.

Die Gemeinde Reinborn kümmert sich in rührender Weise um ihre alte Linde. Bereits zweimal ließ sie den Baum mit einem Kostenaufwand von insgesamt 15 000 DM sanieren. Es wurden dabei nicht nur die erwähnten Halterungen angebracht, sondern auch alle Faulstellen beseitigt und die rindenfreien Teile mit einer besonderen Schutzmasse bestrichen.

Besucher dieses wunderschönen Baumes, der hoffentlich noch lange Zeit als lebendes Denkmal bestehen bleibt, können bei Wilhelm Eist, Vor der Burg 1, in Waldems-Niederems noch weitere Auskünfte über den Baum einholen.

Drei Bäume um einen Mast, so scheint es. Tatsächlich handelt es sich um eine einzige Linde, von der nur noch drei äußere Schalenteile erhalten blieben. Ein Mast mit Spannseilen hält sie zusammen. Auf der folgenden Seite ist der herrliche Baumveteran aus einiger Entfernung zu sehen; hier wirken die Wurzelkrallen und die durchlöcherten Stammreste besonders eindrucksvoll.

Die Linde in Frankfurt

Es gibt Bäume, die man den Jahren nach eigentlich noch nicht zu den Veteranen zählen dürfte, die aber dennoch durch ungünstigen Stand oder Verletzungen vorzeitig dazu geworden sind.

In der Eschersheimer Landstraße in Frankfurt steht ein solcher Baum, eine Linde von 300 Jahren mit einem Stammumfang von fünf Metern. Eine Buche wäre in diesem Alter ein Greis, Linden werden dagegen viel

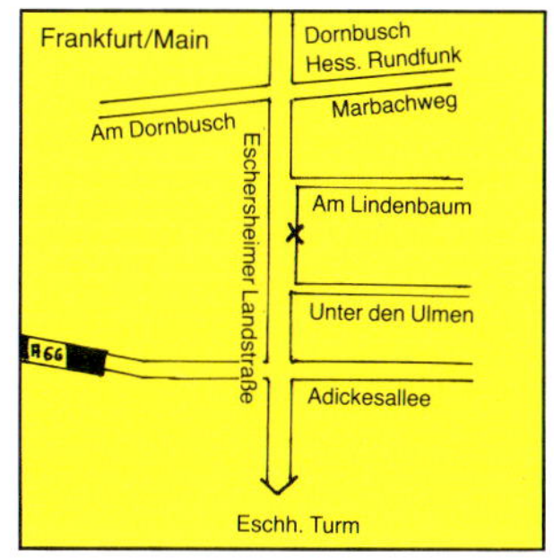

Für eine Linde ist das Leben mitten im Stadtgebiet mit erheblichen Beeinträchtigungen verbunden. Die Frankfurter hängen an ihrem starken Baum mit den vielen Wülsten und ließen ihn frühzeitig sanieren. Besonders lobenswert und erfreulich war die Maßnahme der Stadtverwaltung: sie ließ die Asphaltdecke der Straße durch eine Kopfsteinpflasterung ersetzen, damit die Baumwurzeln mit mehr Sauerstoff und Luft versorgt werden.

älter, wie man an den vielen 1000jährigen Lindenbäumen in diesem Buch sieht. Obwohl die Linde in Frankfurt also noch nicht so alt ist, zeigte sie Krankheitsbilder. Den Frankfurtern war sie aber so ans Herz gewachsen, daß sie unbedingt erhalten bleiben sollte.
Vor 70 Jahren war dem Baum die Krone gekappt worden, was er übel vermerkte. Hinzu kam dann in steigendem Maß die für einen Baum oft tödliche Entwicklung der Stadt. Die Eschersheimer Landstraße wurde ausgebaut und asphaltiert, ein Radfahrweg sowie ein Bürgersteig angelegt und gepflastert, Häuser stehen in unmittelbarer Nähe und die Abgase des Kraftfahrzeugverkehrs nahmen immer mehr zu.
Der Baumchirurg Maurer wurde wieder einmal geholt, um der Linde zu helfen. Er reduzierte die übergroße Zahl der Kronenäste, beseitigte und desinfizierte zahlreiche Faullöcher, behandelte die Schnittflächen mit kallusfördernden Holzschutzsalben und gab dem Baum eine Tiefenvorratsfütterung. Erfreulich war vor allem die Einsicht und Baumfreundlichkeit in der Stadtverwaltung. Sie ließ die Asphaltdecke beseitigen und ein Kopfsteinpflaster in Sandbettung verlegen, damit die Wurzeln besser mit Niederschlagswasser und Sauerstoff versorgt werden. Seitdem hat die Linde sich wieder erholt und sieht gesund und kräftig aus. Hoffentlich können die Frankfurter sich noch lange an ihr erfreuen.

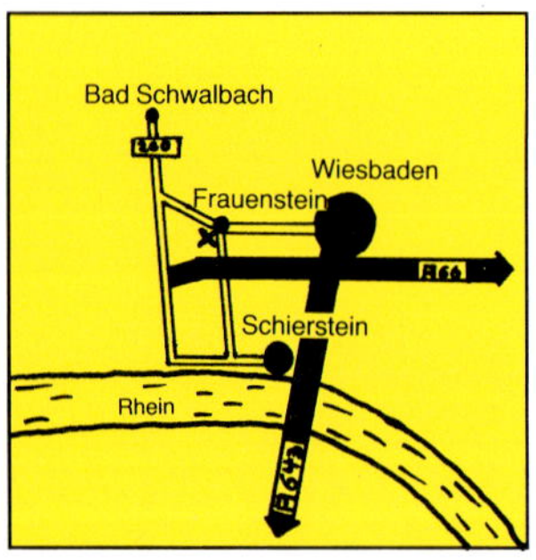

Die Blutlinde in Frauenstein

Wie an vielen anderen Orten steht auch in Frauenstein, das wenige Kilometer westlich von Wiesbaden liegt, eingerahmt von vielen Weinbergen, eine ,,tausendjährige'' Linde neben der Kirche. Die erste urkundliche Erwähnung dieses Baumes findet man im Gerichtsbuch unter der Jahreszahl 1413: ... ,,eyn Gehuys bey der Lynden''. Vermutlich war sie also damals schon ein ansehnlicher Baum, sonst wäre sie nicht ausdrücklich er-

Besonders beeindruckt der schwere, halb hohle Ast, der fast waagerecht gewachsen ist. Mehrere Stützen tragen die Last der stärksten Äste, wie auf dem gegenüberliegenden Bild zu sehen ist. Trotz ihres gebrechlichen Stamms, der durch einen Zaun vor Beschädigungen geschützt wird, hat die Linde eine herrliche, hohe Krone aufgebaut.

wähnt worden. Ihr Alter muß demnach mindestens 600 Jahre betragen. Im Jahre 1538 wird sie nochmals in einem alten Schriftstück erwähnt: „Geschehen zu Frauenstein unter der Lynde."
Vielen Besuchern, die aus den nahegelegenen Badeorten Wiesbaden, Schlangenbad oder Bad Schwalbach nach Frauenstein kamen, um dort den guten Wein zu kosten, die hübschen Fachwerkhäuser zu betrachten oder die Burgruine zu besichtigen, fiel die alte Linde auf, so daß sie heute weithin bekannt geworden ist. Sie weist natürlich schon erhebliche Alterserscheinungen auf. Der Kern ist vermodert, nur wenig Splint mit Kambium und Rinde blieb von dem einst so stattlichen Baum übrig. Viele Äste hat sie verloren, und Stützen tragen ihre Hauptlast. Sie mißt in Brusthöhe 6,80 m im Umfang, ist etwa 14 m hoch und wird im Volksmund „Blutlinde" genannt.
Der Name geht auf folgende Sage zurück: Vor langer Zeit kam einmal ein junger Ritter mit einer wunderschönen jungen Frau, die sichtlich von den Strapazen der Reise ermüdet war, nach Frauenstein. Sie kehrten in einem Hause unterhalb der Burg ein und wurden freundlich aufgenommen. Als sie das Haus verlassen und weiterziehen wollten, wurde der junge Ritter von den Knechten des Burgherrn erschlagen. Das junge Fräulein ging mit großer Trauer in ein Kloster, pflanzte aber an der Stelle, wo der Geliebte zu Tode gekommen war, eine Linde in die blutige Erde. Es heißt in der „Sage von der Blutlinde", aufgezeichnet 1821 von G. Braun, zum Schluß: „Seitdem ist es, als ob ein Leben in dem Baum wäre, das nicht sterben kann, und Niemand wagt es, ein Aestlein abzuschneiden, oder eine traurige Blüthe zu brechen, weil er fürchtet, es würde Blut herausfließen."

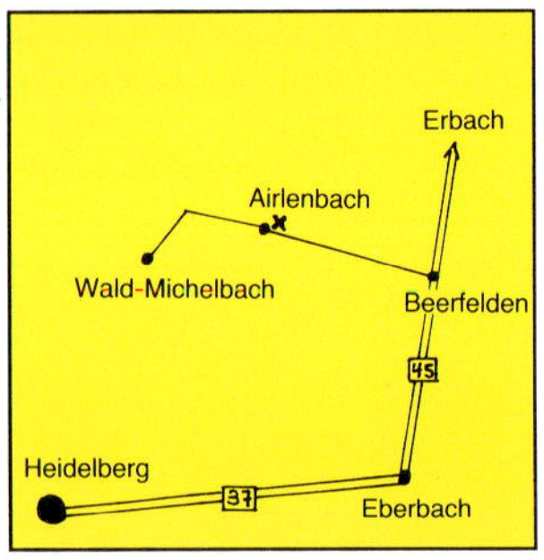

Der Stamm sieht aus, als gehöre er zu einem längst abgestorbenen Baum. Aber die alte Eiche wehrt sich gegen ihr Ende, einige wenige grünende Äste in der Kronenspitze zeigen, daß noch Leben in ihr ist.

Die Dicke Eiche in Airlenbach

In Airlenbach, das als Ortsteil zu Beerfelden im Odenwald gehört, steht eine der stärksten Eichen Deutschlands. Leider hat sie nur noch wenige grüne Äste in der Spitze ihrer Krone, die von einem gewaltigen gegabelten Stamm getragen wird. Ein dritter stammartiger Ast ist früher abgebrochen, man kann noch den Stumpf erkennen. Der Brusthöhenumfang am Fuß dieses Baumveteranen beträgt 8,60 m. Sein Alter wird mit 800 bis 1000 Jahren angegeben. Amtlich ist über sein genaues Alter nichts festgehalten worden. Der Standort an der Straße nach Beerfelden macht einen gepflegten Eindruck. Im Hintergrund des etwas ansteigenden Geländes befindet sich ein Denkmal für die Gefallenen der Gemeinde Airlenbach. An den Seiten laden Ruhebänke zum Verweilen ein. Anfang dieses Jahrhunderts mußte man mit Erhaltungsmaßnahmen beginnen, weil sich Schäden bemerkbar machten. 1922 mauerte man die Höhlungen aus, so wie es früher üblich war. Das gleiche geschah nochmals im Jahre 1933. Im Jahre 1958 ließ schließlich ein Privatmann aus Weinheim aus großér Liebe zu dieser Eiche mit Einverständnis des Landrates und des Bürgermeisters den Baum gründlich konservieren. Mit dieser Arbeit betraute man den bekannten Baumpfleger Maurer.

Die dankbare Gemeinde ließ eine heute nicht mehr existierende Tafel am Baum anbringen, die folgenden Text hatte:

Baum des Odenwaldes

Eigentümer:	Gemeinde Airlenbach
Höhe:	30 m
Durchmesser:	2,70 m
Umfang:	8,60 m
Alter:	ca. 800 Jahre

Zum 70. Geburtstag des Herrn Karl Freudenberg, Weinheim, instandgesetzt durch seine Belegschaft am 29. März 1958.

Ungewöhnlich ist die Stärke dieser alten Eiche und besonders schön ihr Standort mit dem Kriegerdenkmal im Hintergrund. Am meisten aber beeindruckt die Lebensenergie des Riesen, die trotz weithin abgestorbener Teile des Stammes noch grüne Zweige sprießen läßt.

Die alte Eiche bei Dausenau

Etwa vier Kilometer östlich von Bad Ems liegt der Ort Dausenau am Nordufer der Lahn. Bevor man von Bad Ems kommend durch ein mittelalterliches Stadttor nach Dausenau hineinfährt, steht gleich vor dem Tor am Lahnufer eine tausendjährige Eiche. Sie hat in etwa einem Meter Höhe einen Umfang von 7,30 m und erreicht die stattliche Größe von einundzwanzig Metern. Der sehr starke Wurzelanlauf, der teilweise einen Umfang von 12,50 m ausmacht, reicht interessanterweise auf dem Hang zur Lahn hinunter etwa drei Meter abwärts. Da diese Wurzeln auf der Erdoberfläche liegen, haben sie wie Stamm und Äste eine richtige Rinde, was dem Baum eine besondere Note gibt. Der Innenteil der Eiche ist hohl. Um Beschädigungen zu verhindern, hat man ihn gegen das Betreten durch ein Eisengitter geschützt. Der Baum macht trotz der großen Höhlung einen gesunden Eindruck. Man sieht ihm die liebevolle Pflege deutlich an.

Dausenau hat eine weit zurückreichende Vergangenheit. Es wird 1247 urkundlich erwähnt. Bereits 1348 ist für Dausenau ein Gericht mit Stock und Galgen nachweisbar, und ein noch im Jahre 1499 benutztes Siegel bestätigt: „sigillum scheffen zu dussenaw". An diese Gerichtsbarkeit zu Dausenau erinnert auch unsere alte Eiche in ihrer Eigenschaft als sogenannte „Femeeiche am Torturm".

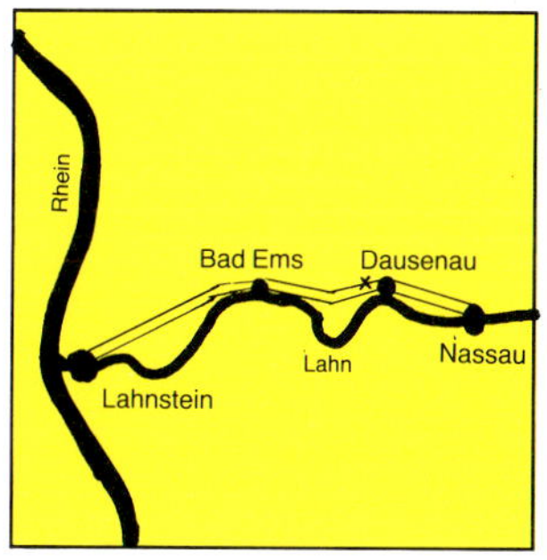

Ein besonders hübsches Gitter mit dem metallenen Hinweis auf das Alter des Baumes schützt den Hohlraum im Stamm.

Die schöne Eiche bei Endlichhofen

Diese Eiche wird von den Einheimischen stolz „Die schönste Eiche Deutschlands" genannt. Viele alte Eichen hatte ich schon besucht, um sie für dieses Buch zu vermessen und zu beschreiben. Sollte die von Endlichhofen die schönste sein? An einem Pfingstmontag fuhr ich von Nastätten auf der Kreisstraße 80 in Richtung Endlichhofen. Ein Hagelschauer war gerade niedergegangen, und nun brach plötzlich die Sonne hervor, ein klarblauer Himmel begrüßte uns über weiter Feldmark. Eben hatten wir die Kuppe eines kleinen Hügels erreicht, als meine Frau und ich wie aus einem Munde riefen: „Da ist sie!"
Die Eiche stand groß und einsam, stark und breit in frischer grüner Akkerfläche vor uns. Es war ein herrlicher Anblick, und wir waren uns sofort einig, daß sie mit dem symmetrischen Aufbau der Äste zu einer gleichmäßigen Krone eine der schönsten Eichen Deutschlands ist. Die Blattknospen waren noch am Aufbrechen, so daß man alle großen Äste und kleinen Zweige deutlich erkennen konnte — das Musterbild für Eichenkronen! Dazu der völlige Freistand! Und kein weiterer Baum, kein Strauch in der Nähe, der diesen Idealformen Abbruch getan hätte!
Die Eiche ist nicht sehr alt, „nur" etwa 400 Jahre. Sie hat einen Brusthöhenumfang von sieben und eine Höhe von 22 Metern. Trotzdem kann man sie als echten Kriegsveteranen bezeichnen; in der Zeit der Rheinlandbesetzung nach dem 1. Weltkrieg geriet sie bei einer Übung französischer Truppen in Brand, das Feuer konnte indes gelöscht werden. Zu Ende des 2. Weltkrieges beschoß deutsche Artillerie von Osten her die vorrückenden Amerikaner in der Nähe dieser Eiche, dabei gingen zwei starke Äste verloren. In jüngster Zeit entstand im hohlen, mit Mulm gefüllten Innern wiederum ein Brand. Der Zug im kaminartigen Hohlraum wirkte wie ein Blasebalg und fachte die Flammen stark an. Feuerwehren wurden aufgeboten, die den brennenden Baum schließlich nach längerem Einsatz mit chemischen Mitteln löschen konnten. Man glaubte nicht, daß die Eiche diesen Schaden überstehen würde. In alten Eichen scheint aber eine ungeheure Zähigkeit zu stecken, wie ein Wunder erschienen nach dem Brand neue Blätter und Zweiglein.
Nun hofft man, sie durch Restauration und Pflege, chirurgische Behandlung und Wurzelfutter auch weiterhin am Leben erhalten zu können. Diese Arbeiten durch einen Fachmann sollen 26 000 DM kosten! Zum Wohle des herrlichen Baumes und zur Freude unserer Nachfahren wollen wir hoffen, daß dieser Betrag auch wirklich aufgebracht und die Arbeit bald begonnen werden kann.

Ein prachtvoll gewachsener, hoher und breiter alter Baum in freier Landschaft. Hier scheint die Welt noch in Ordnung zu sein.

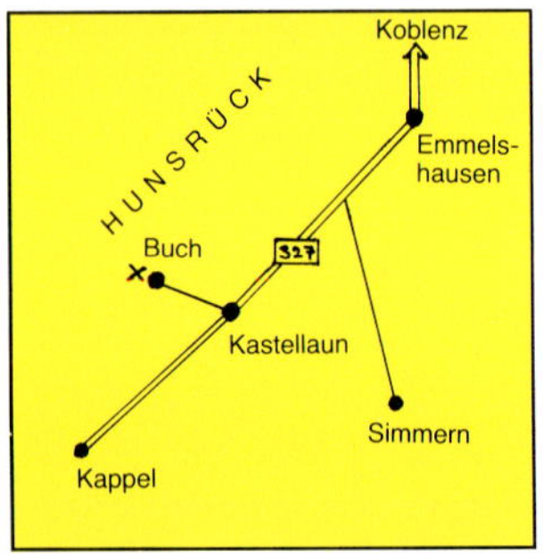

Auch Bäume altern unterschiedlich schnell. Diese Eiche ist etwa genauso alt wie die Eiche in Airlenbach (Seite 96).

Die alte Eiche in Buch

Im Hunsrück, dicht bei Kastellaun, liegt das kleine Dorf Buch. Berichten zufolge hat die „Bucher Eiche" in der Mitte des Dorfes bei der damaligen Kirche gestanden. Aber Buch hat im Laufe seiner langen Geschichte viel Trauriges erlebt: Zweimal durch Kriegseinwirkungen und einmal durch Fahrlässigkeit ist es vollkommen abgebrannt. Beim Wiederaufbau ist man dann nach und nach dem Lauf der Straße gefolgt, so daß der Platz um die Eiche heute ganz aus dem Mittelpunkt des Ortes herausgerückt ist.

Was könnte die Eiche alles erzählen von fremden Kriegsvölkern! Kurtrierer, Pfälzer, Franzosen, Schweden und Spanier lagerten dort in ihrem Schatten oder zogen nur eilends vorbei. Und manches Mal hat sie leiden müssen, bei den großen Bränden, durch Astabbrüche und im Bombenhagel des letzten Weltkriegs. Noch heute stecken die Splitter einiger in unmittelbarer Nähe eingeschlagener Granaten in ihrem Holz. All das hat sie aber überstanden. Nur einmal wäre sie beinahe durch menschliche Einwirkung zugrunde gegangen, als im Jahre 1912 eine Wasserleitung so dicht an ihr vorbeigeführt wurde, daß sie zahlreiche Wurzeln verlor. Lange hat sie danach gekränkelt, sich dann aber schließlich wieder erholt.
Der Baum soll etwa 1000 Jahre alt sein, hat einen Brustumfang von 6,45 m (auf dem Erdboden an den Wurzelanläufen mißt er sogar 11,30 m), eine Höhe von zwölf Metern und einen Kronendurchmesser von sechzehn Metern.
Im Jahre 1959 hat man bei einer Behandlung die morschen Äste beseitigt und nach der früher üblichen Methode die großen Löcher verplombt. Diese gutgemeinten Maßnahmen haben der Eiche auch geholfen. Doch ist eine Hartverplombung keine dauerhafte Lösung, und man sollte auf alle Fälle eine moderne Behandlung der Hohlräume vornehmen, damit Pilz-und Insektenfraß diesen schönen Baum nicht von innen heraus weiter zersetzen, woran er dann doch eines Tages eingehen müßte.

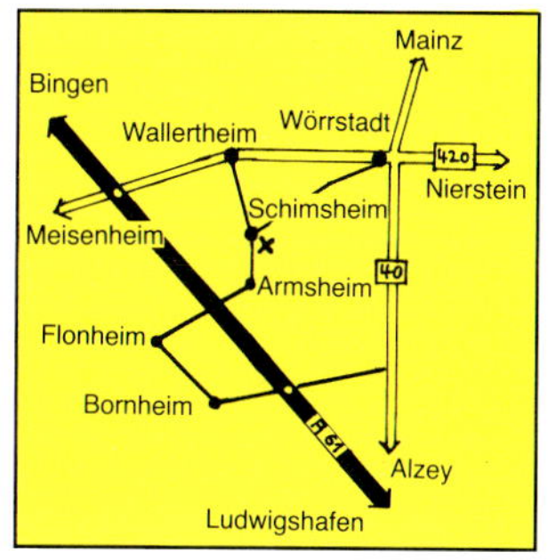

Die Schimsheimer Effe

Eine Ulme oder Rüster heißt in Rheinhessen Effe. Die Schimsheimer Effe ist schon seit hundert Jahren als Riesenbaum bekannt und berühmt. Heute kann man sie nur noch als Wrack, als Ruine bezeichnen, deren Tage gezählt sind. Die Bilder entstanden 1978. Vielleicht erlischt ihr Leben vollends in diesem Jahre, im nächsten?
Schon im Jahre 1879 wurde die alte Ulme im Forstwissenschaftlichen Zentralblatt, Seite 546, durch C. F. Seidel geehrt. Er schreibt: ,,Die mächtigste Rüster Deutschlands ergreift den Bewunderer und erfüllt ihn mit heiligen Schauern durch die Majestät und die kolossalen Dimensionen dieses vielleicht 600 und mehr Jahre alten Baumes.'' Aller Wahrscheinlichkeit nach, so fährt der Verfasser fort, sei sie sogar die stärkste Rüster des Kontinents. Leider fehlten schon damals geschichtliche Unterlagen über den Baum, wie Seidel klagt, aber es sei wahrscheinlich, daß unter der Rüster die Rechtspflege geübt wurde, wie dies für viele Ulmen Frankreichs urkundlich nachgewiesen ist, und daß sie der Versammlungsort für ernste Besprechungen wie zu ländlichen Festen war.
Im Institut für geschichtliche Landeskunde an der Universität Mainz befindet sich unter ,,Bemerkenswerte Bäume im Großherzogtum Hessen in Wort und Bild, Darmstadt 1904'' ein Bericht über die Schimsheimer Effe. Hier wird ebenfalls vermerkt, daß sie vermutlich die stärkste Ulme Deutschlands sei. Damals wurde der Umfang ihres Stamms über dem Boden, in ein und in zwei Meter Höhe mit 15,30, 13,20 und 10,70 m angegeben. 1904 war sie 15 Meter hoch, die Krone hatte einen Durchmesser von 16 Metern und war wohlabgerundet, nach oben spitzer werdend. Eine weitere Eintragung bekundet, daß ein durch Eisanhang im Jahre 1858 abgebrochener Ast einen Erlös von 30 Gulden gebracht habe. Der Stamm, schon lange hohl, sei im Laufe der Zeit immer weiter ausgehöhlt, so daß sich jetzt ,,Scherzes halber eine mehrköpfige Musikband in dem Stamm aufstellen konnte und ihre lustigen Weisen ertönen ließ''.
Vor hundert Jahren (so heißt es in dem Bericht von 1904) mußten trokkene Äste in der obersten Spitze abgenommen werden. Mehrere Brände im Innern, teils durch Blitzschlag, teils durch ,,böse Buben'' entfacht, setzten dem Baum stark zu, so daß man um die Jahrhundertwende einige Maßnahmen, die zusammen 400 Mark kosteten, durchführte, wozu das Zumauern von Ast- und Stammlöchern ebenfalls gehörte. Der Bericht schließt: ,,Möge der sehr rüstige Baumgreis auch ferner den Schutz des Himmels genießen und der staunenden Nachwelt als Zeuge längst dahingeschwundener Jahrhunderte noch recht lange erhalten bleiben.''
Heute hat der Baum auf dem Boden noch einen Umfang von 18 Metern und in 40 cm Höhe von 15,30 m. Der hochragende Stamm mit großer breiter Krone ist verschwunden, stattdessen sieht man einen klotzigen hölzernen Wehrturm mit wenigen grünen Ästen. Mit den Rissen, Knubbeln und Schrunden sieht das Gebilde fast aus wie eins der modernen undefinierbaren Kunstwerke. Die Ziegelsteine und der Zement im Holz tun fast körperlich weh. Aber damals kannte man keine besseren Sanierungsmethoden. 1965 und 1973 hat die Ulme abermals Behandlungen erfahren, man wollte diesen eindrucksvollsten

Ein Monstrum, ein Wrack nur noch. Ob der Baum im Druckjahr dieses Buches noch einmal ausschlagen wird?

Baumveteranen Deutschlands mit allen nur möglichen Mitteln erhalten. Sein Ende scheint trotz aller Bemühungen gekommen zu sein. Man sieht auf den Fotos vom Frühjahr 1978, daß er nur noch gering ausschlug, er trug auch keine Früchte mehr. Die Menschen in Schimsheim werden um ihn trauern. Sie haben viel für ihn getan.

Die Feldeiche bei Rehborn

Allein auf freier Feldmark, Wind und Wetter zum Trotz, erhebt sich eine 20 Meter hohe stattliche Alteiche auf einer Höhe, über die früher eine Römerstraße führte. Sie steht in der Gemarkung Rehborn, die nähere Lagebezeichnung lautet: Gewanne, ,,Hinterm Baumwald'', Parzelle 2954.
Der Baum konnte sich bei dem freien Stand prachtvoll nach allen Seiten entwickeln. Ein genaues Alter kann leider nicht angegeben werden, Eintragungen in Chroniken fehlen, und Jahresringmessungen sind wegen des hohlen Stamminneren nicht möglich. Man schätzt das Alter auf 800 Jahre. Der Umfang der Eiche in Brusthöhe beträgt 6,55 m. Im Jahre 1938 wurde sie von einem Blitz getroffen, sie verlor bei dem Gewitter zahlreiche große Äste, und auch der Stamm wurde aufgerissen.

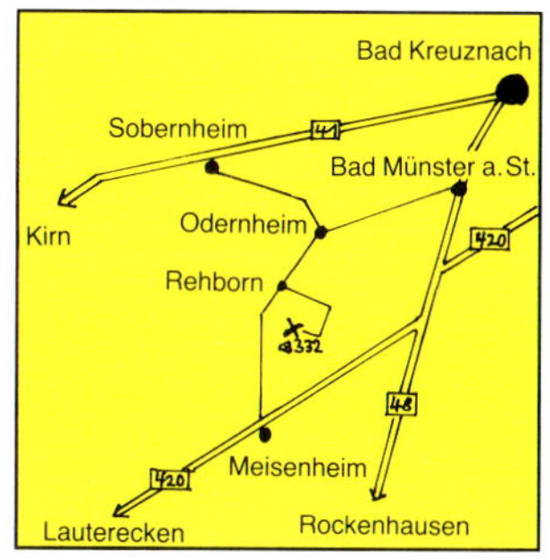

Eine wunderschöne stolze Eiche — und was von diesem unbehandelten Baum nach einem Brand übrigblieb.

Als ich den Baum 1978 besuchte und ihn von allen Seiten fotografierte — auch das große Loch im Stamm —, notierte ich in meinen Unterlagen: ,,Zur Zeit ist der Baum unbehandelt. Es wäre wünschenswert, wenn er bald saniert werden könnte.''
Diese Überlegungen haben sich inzwischen leider erübrigt. Ein Jahr später, im Jahre 1979, geriet die alte Eiche in Brand. Das mulmige Innere begünstigte die Flammen, der hohle Stamm wirkte wie ein Kamin, der Baum loderte wie eine Fackel.

Wiederum ein Jahr später, 1980, besuchte ich die alte Eiche erneut und fotografierte das, was von ihr übrigblieb. Sie ist nur noch eine Ruine; fast die gesamte Krone ist abgebrannt und abgebrochen, nur zwei untere Äste tragen noch ein wenig Laub, und der Stamm ist von unten bis oben ausgebrannt. Der Baum hat so stark gelitten, daß er die Beschädigungen kaum überstehen wird. Auch mit menschlicher Hilfe kann man ihn wohl nicht mehr retten. Schade um die wunderschöne alte Eiche!

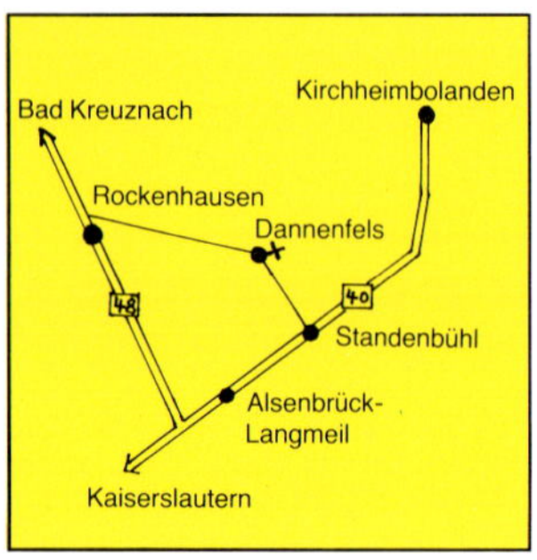

Die Dicke Keschte in Dannenfels

In landschaftlich reizvoller Umgebung am Fuße des mit schönem Laubwald bestandenen Donnersberges liegt die kleine Stadt Dannenfels, in deren Gemarkung man zahlreiche Eßkastanien antrifft. Einer dieser Bäume im Ort ist sehr alt und stark geworden. Er steht seit langem unter Denkmalschutz, hat einen Brusthöhenumfang von 9,40 m und macht einen recht knorrigen und verwitterten Eindruck, zumal er fast in seinem ganzen Stammstumpf trocken, rindenlos und abgestorben ist. Nur ein einziger Ast des schätzungsweise 650 Jahre alten Veteranen ist noch grün. In jedem Jahre trägt er eine stattliche Zahl von Früchten.
Dannenfels wurde 1270 gegründet und erhielt 1331 Stadtrechte. Die in dieser Gegend am Hang des Donnersberges vorkommenden zahlreichen Eßkastanien bringt man mit dem Geschlechte der Bolander (Kirchheimbolanden), einem begüterten Ministerialengeschlecht der frühen Reichsgeschichte, in Verbindung. Sie sollen die Maronen im Mittelmeerraum kennen- und schätzengelernt haben, als sie die deutschen Kaiser auf den Kreuzzügen begleiteten. Nach ihrer Rückkehr haben sie sich offenbar mit recht gutem Erfolg um die Ansiedlung des Fremdlings in der Heimat bemüht.
Samen der Eßkastanie (auch Edelkastanie) nennt man — wie den Baum selbst — Kastanien, im Dialekt am Donnersberg ,,Keschte'', die besseren Sorten Maronen. Sie werden durch Kochen oder Rösten weich und süß und sind eine nahrhafte, gesunde und wohlschmeckende Speise. Die Früchte reifen zur Zeit der Weinlese und werden, besonders im Pfälzer Raum, gekocht sehr gern zum neuen Wein gegessen. Auch im sogenannten ,,Saumagen'', einem Gericht aus Fleisch, Kartoffeln und vielen Gewürzen, müssen Maronen sein. Das Holz der Eßkastanie wird in Italien und Frankreich vielfältig verarbeitet, z. B. zu Faßdauben und -reifen, Rebpfählen, Möbeln, Fußböden und Bauholz. Die in der Rinde enthaltenen Gerbstoffe finden in der Lederverarbeitung Verwendung.
Die Edelkastanie ist ein stattlicher, ansehnlicher und schnellwachsender Baum, der auch gut aus dem Stock ausschlägt. Mit den langen frischgrünen Blättern ist er, besonders im Freistand als Solitärpflanze, ein Schmuck für jeden Garten und Park.

Dieses Bild einer uralten Eßkastanie sieht aus, als sei es der Phantasie entsprungen. Ein Ast lebt nur noch und trägt sogar üppiges Grün.

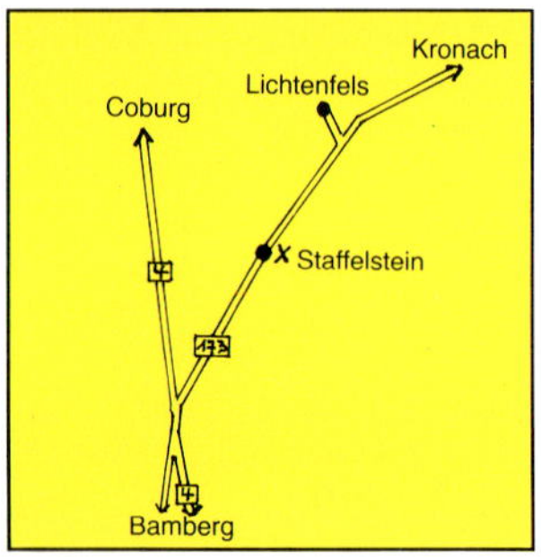

Die vermutlich älteste Linde Deutschlands zu Staffelstein

Von dem eigentlichen uralten Lindenbaum, dessen Schönheit und Größe einst überwältigend gewesen sein muß, als er noch auf der Höhe seiner Lebenskraft stand, ist heute nur noch ein Torso vorhanden. Trotzdem grünt und blüht dieser altehrwürdige Baum immer wieder aufs neue. Wenn man die Linde im Sommer besucht und die Fülle des Blattwerks sieht, glaubt man nicht, daß ein so alter Baum noch so viel Kraft entwickeln kann. Das war mit einem „Trick" möglich, der im nachfolgenden Text beschrieben wird.

In den Archiven von Staffelstein fand sich zum Glück noch eine Vielfalt von Schriftstücken, die erkennen lassen, wie sehr sich die Verantwortlichen in der zurückliegenden Zeit bemühten, den alten Baum für die Nachkommen lebensfähig zu halten. Einiges aus den Texten sei hier wiedergegeben.

Staffelsteiner Tagblatt, Nr. 101 vom 5. 5. 1914: „... Auch in unserem Vaterland finden sich, wenn auch vereinzelt, gewaltige Bäume, die wie ein Wunder aus grauen Vorwelttagen in unsere Zeit hineinragen. Ein solcher Baum ist eine uralte Linde in einem Umfang von 24 Metern. Mit diesem Maß hat der Baumveteran Anspruch darauf, der stärkste Baum in Deutschland überhaupt genannt zu werden. Erst in jüngster Zeit hat man umfangreiche Messungen vorgenommen und kam dabei zu erstaunlichen Zahlenresultaten. Unten an der Erde, wo sich die Wurzelwülste wölben, beträgt der Umfang des Baumstammes 25 Meter. Er verringert sich etwas, sobald man über die Wurzelwülste hinausgeht. Hier mißt er nur noch 17,10 Meter, immerhin ein noch recht stattlicher Umfang. Im Innern ist diese seltsame Linde vollkommen hohl. Ihr Alter beziffert man nach neuester wissenschaftlicher Schätzung auf mindestens 1100—1200 Jahre. So darf man also ruhig behaupten, daß die Linde die Geschichte Deutschlands von seinen Kindheitstagen an miterlebt und unwandelbar überdauert hat."

Diese Trümmer lassen kaum erkennen, daß es sich hier um Teilstücke am Stamm einer nach weit über 1000 Jahren noch lebendigen Linde handelt.

Am 16. 5. 1917 wendet sich der Landwirtschaftslehrer für Obst- und Gartenbau Kindshoven an das Bezirksamt und beklagt den Zustand der Linde:

„... daß die Rückseite der Linde an vier Stellen wieder geöffnet ist, die wegen neuerlicher Verschließung gegen Nässe nachverputzt und wieder geschlossen werden sollten. Der dickere Stammteil gegen den Friedhof zu geht weiter in Fäulnis über und wäre mit Teer oder Karbolineum zu imprägnieren. Das um die Linde hängende Eisenband ist wohl zwecklos und verunziert den Naturstamm."

Das Bezirksamt gab dieses Schrei-

ben am 22. 5. 1917 an den Vorsitzenden des Kreisausschusses Oberfranken, Apotheker Schmolz in Bamberg, weiter. Dieser Herr war gleichzeitig zuständig für den Ausschuß für Naturpflege in Bamberg. Er antwortet unter dem 9. 6. 1917 (Man beachte, dies geschah zu Kriegszeiten!), daß er den Baum besichtigt habe und daß die Linde ,,wohl einen weiteren strengen Winter nicht mehr aushält. Die notwendigen Erhaltungsmaßnahmen müssen sofort begonnen und bis spätestens Herbst dieses Jahres vollendet werden. Die abgestorbenen Teile bedürfen einer gründlichen Imprägnierung mit Holzteer. Das Rabitzdach muß unter Umständen ganz, zum mindesten aber nach dem Südost zu, erneuert werden. Ein neuer Cementverputz an verschiedenen Stellen ist notwendig. Die Erhaltungsarbeiten schätze ich auf 400—500 M. Kostenvoranschlag wäre einzufordern. Ein Zuschuß der K. Regierung würde seitens des Ausschusses für Naturpflege befürwortet werden.''
Nur sieben Jahre später war das Schicksal der nordlichen Hälfte der Linde besiegelt, obwohl 1917 so verfahren worden war, wie es Apotheker Schmolz im vorstehenden Brief verlangt hatte. Nach heutiger Erkenntnis konnte es gar nicht anders ablaufen. Denn welcher Baum hält wohl solche wiederholten Behandlungen mit Zement, Teer und Karbolineum aus, zumal wenn das faule Holz nicht abgekratzt wird? So schreibt Apotheker Schmolz am 18. 8. 1924 an das Bezirksamt Staffelstein, daß der nördliche Teil der Linde nicht mehr rekonstruiert, dagegen der stehengebliebene Teil auf der südlichen Hälfte noch Jahrzehnte erhalten werden könne. Und für diesen Teil schlägt er Erhaltungsmaßnahmen vor. Außerdem solle eine Tafel aufgestellt wer-

Der Baumgreis mit seinem löcherigen Stamm, seinen verwitterten Wurzelkrallen, ist ein Sinnbild der ungeheuren Kräfte in der Natur.

den, auf der verzeichnet ist, wie alt und stark diese Linde sei und anderes mehr.
Ein weiteres Schreiben schickt er am 2. 9. 1924 an den Verschönerungsverein zu Staffelstein; er beschreibt den Zustand der Linde wie im Brief an das Bezirksamt, schlägt weitere Erhaltungsmaßnahmen und Platzverschönerungen vor und gibt auch den Text für die Holztafel, die noch heute an der Linde zu sehen ist. Dieser Text lautet:

Und so sieht der Baum im Sommer aus einiger Entfernung aus, er grünt und blüht, und dazu verhalfen ihm Sorgen und Mühen um ihn — und ein ,,Trick''. Rechts sieht man deutlich die drei Junglinden, die als Stütze dienen und deren Äste dem alten Baum einveredelt wurden.

Die große Linde um 1880

Wanderer steh still und lese:
Du siehst hier die
noch lebensfähigen Überreste
der größten und
ältesten Linde Deutschlands.
Ihr Umfang betrug 24
und ihre Höhe 25 m.
Ihr Alter wird auf mehr
denn 1000 Jahre geschätzt.
Dies altehrwürdige Denkmal
der Natur sah das über
1000 Jahre alte
Staffelstein entstehen;
in seinem Schatten wurde
Recht gesprochen und
lagerten fremde Kriegsvölker.
Es erlebte Deutschlands
Ruhm und Erniedrigungen
in allen Jahrhunderten.

35 Jahre später macht man sich erneut Gedanken und Sorgen um den Baumveteranen. Der Kreisfachberater für Obst-und Gartenbau M. Bachmann hat eine ganz neue Idee. Unter dem 24. 9. 1959 schreibt er an das Landratsamt in Staffelstein und macht den Vorschlag, ,,daß eine schon im Umfang von 30—40 cm starke Linde als Stütze auf der Westseite unter dem noch erhaltenen Ast (der Altlinde) eingepflanzt wird und die einzelnen Äste des Jungbaumes z. T. in den erhaltenen Ast einveredelt werden und somit zugleich als Stütze und Saftzufuhr dient. In den darauf folgenden Jahren müßte man mit weiteren Pflanzungen von Jungbäumen beginnen, um somit den alten Umfang der Linde zu erhalten ...'' Es scheint so verfahren worden zu sein, denn man sieht heute drei junge Linden von 15 bis 20 cm Stammdurchmesser auf der Südwestseite des Baumes stehen. Sie sind in den Altstamm eingewachsen. Eine einmalige Maßnahme, einen geschichtsträchtigen Baumpatriarchen zu erhalten!

Die Tanzlinde in Limmersdorf

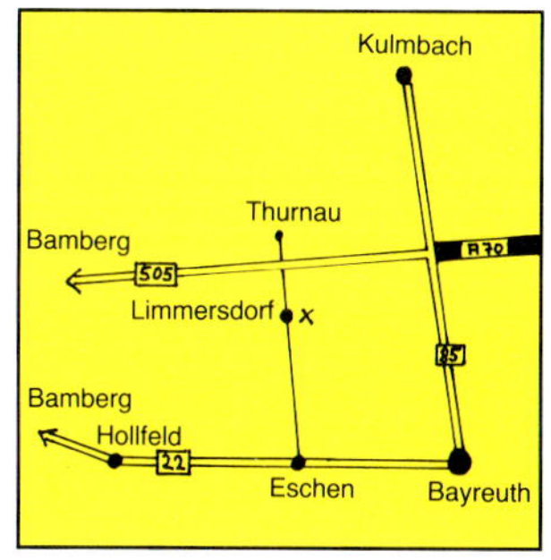

Hier findet auch heute noch das traditionelle Lindenfest statt, ein Tanz im Grünen, mitten in der Linde.

Wenn von alten Bäumen, insbesondere Linden, gesprochen wird, fällt immer wieder das Wort „Tanzlinde''. Hier soll nun ein Baum vorgestellt werden, der wirklich alljährlich noch als Tanzlinde benutzt wird. Die Linde ist zwar nicht außergewöhnlich alt — ein Bauer soll sie 1648 aus Dankbarkeit für den überstandenen Dreißigjährigen Krieg gepflanzt haben —, an gleicher Stelle hat aber wahrscheinlich schon eine Vorgängerin gestanden.

Linden-Kerwa in Limmersdorf — das ist ein Begriff für die gesamte Umgegend, und viele Gäste finden sich zu diesem Kirchweihfest ein, das am Sonntag nach Bartholomäus, meist dem letzten Sonntag im August, gefeiert wird.

In einer Festschrift steht, „daß die Mädchen der alten Überlieferung gemäß farbenprächtige, kunstvolle Trachten trugen. Wie eine Krone zierte ein Kopfgeflecht die Platzmädchen. Bunte Röcke, seidene Bänder, samtene Mieder und weiße Spitzenärmel vervollkommneten die farbenfrohe Tracht. Die Platzburschen hatten ein weißes Fürtuch um die Hüften gebunden und ihre schwarzen Zylinder mit einem Blumenstrauß besteckt. Leider ist die Tracht fast verschwunden. Die Platzburschen haben den Festbetrieb zu bewerkstelligen und die Kerwa-Musik zu bestellen. Der wichtigste Mann in den Vortagen ist der Dorfzimmermann Georg Bauer, der alljährlich den Auf- und Abbau der Tanzbruck betreibt. Die Kosten hierfür trägt die Gemeinde nach altem Brauch.

Wenn der Sonntag der Linden-Kerwa da ist, strömen die Bewohner der umliegenden Dörfer ... nach Limmersdorf. Um 13 Uhr beginnt der traditionelle Dorfumzug. Die Platzburschen holen unter den Klängen der Blasmusik ihre Mädchen ab, und der Festzug läuft durch das Dorf, voraus ein geschmückter Platzhammel. Eine große Gießkanne, die im Zug mitgeführt wird, geht von Mund zu Mund. Es ist aber beileibe kein Wasser drinnen, sondern Bier aus einer bekannten Brauerei ... Ist der Zug bei der Kirchweihlinde angekommen, werden erst

unter der Linde ein paar Tänze gedreht, wobei es oft vorkommt, daß sich die Tänzer und Tänzerinnen einen Partner aus der Reihe der Zuschauer holen. Dann kommt der mit Spannung erwartete Augenblick, in dem die Tanzenden die Treppe hinaufsteigen, die zum Tanzboden in der Linde führt. Die Musikanten folgen, sie nehmen Platz im Musikantenhäuschen. Alles drängt nach, um bei den ersten Tänzen dabei zu sein.''
Die Linden-Kerwa in Limmersdorf wird nun schon seit 250 Jahren gefeiert. Acht steinerne, achtkantig behauene Säulen mit sehr hübschen Kapitellen tragen die Balken des Tanzbodens, in eine wurde die Jahreszahl 1729 eingraviert. Der Baum hat heute einen Umfang in Brusthöhe von 3,80 m und ist 18 Meter hoch. Im Jahre 1964 ließ man die Linde, in der eine alte Tradition auch heute noch gepflegt wird, mit einem Kostenaufwand von 7 000 DM sanieren. Hoffentlich finden sich in Zukunft ebenfalls immer wieder Gönner, die einen finanziellen Aufwand zur Pflege der Linde nicht fürchten, dann macht der Baum noch lange mit!

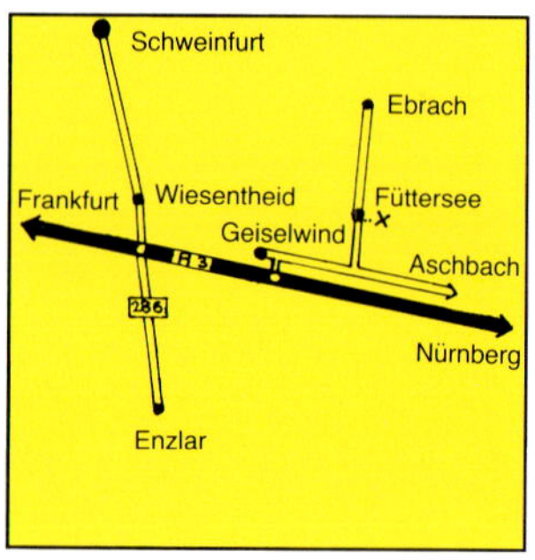

Die Kaiser-Eiche zu Geiselwind-Füttersee

Durch Zufall erfuhr ich, daß in Füttersee, einem Ortsteil von Geiselwind, am östlichen Ortsrand noch eine tausendjährige Eiche stehen soll. Die Gemeindeverwaltung bestätigte meine Anfrage und fügte hinzu, daß der Baum aus der Zeit Karls des Großen (768 bis 814) stammen sollte und daher ,,Kaiser-Eiche'' genannt würde. Hier gab es also einen von den wenigen Bäumen, die das erste Deutsche Reich gesehen hatten, eine Eiche, unter der Gericht gehalten wurde, wie die vom Kaiser eingeführte Grafschaftsverfassung es verlangte. Wie mochte sie heute aussehen?
Alte Geschichte aus der damaligen Zeit kommt mir in den Sinn; Sachsenkrieg: Worms, Paderborn, Herzog Widukind, die Schlacht am Süntel (siehe Süntelbuche), Herzog Tassilo muß in das Kloster Wessobrunn (siehe Tassilo-Linde), Kaisergrab im Münster zu Aachen (siehe Linde in Aachen-Forst). Wieviele Bäume aus dieser Vergangenheit mögen noch leben?
Geiselwind-Füttersee ist schnell gefunden. Eine Frage nach dem Standort der Kaiser-Eiche erübrigt sich, dort oben steht sie, ein mächtiger Baum! Ich steige zu Fuß den kurzen Hang hinauf zu ihr empor und stehe vor einem Riesen von Baum! Unten ein starker, mindestens sechs Meter astfreier Stamm von fast neun Metern Umfang mit Wülsten, Rillen, Astlöchern, Aststummeln und vielen Narben, darüber eine gewaltige Krone, die höchste Wipfelspitze 26 Meter über dem Erdboden! Das volle Laub rauscht im leichten Wind wie schon tausend lange Jahre.
Der Boden muß sehr flachgründig sein, denn die schweren, starken Wurzeln laufen weit darüber hin, ehe sie sich endlich hineingebohrt haben. Auf ihnen sitzen ja zwei Menschen! Ist heute Gerichtstag? Aber nein, sie sind aus unserer Zeit und berichten, daß sie aus Belgien kommen und jedes Jahr Deutschland besuchen, weil hier noch so viele alte Bäume stehen.
Diesen herrlichen stolzen Baum, diesen Recken aus uralter Zeit, hat man 1952 behandeln lassen, dürre Äste entfernt und das hohle Innere verplombt. Es wäre sehr zu wünschen, daß in naher Zukunft genügend finanzielle Mittel aufgebracht werden, um dieses einmalige Denkmal weiter zu erhalten.

Eine Eiche aus der Zeit Karls des Großen. Dieser lapidare Satz umfaßt einen fast unvorstellbaren Zeitraum. Hoffentlich finden sich in Zukunft die erforderlichen Mittel, um diesen prachtvollen Baumriesen als Naturdenkmal noch lange zu erhalten.

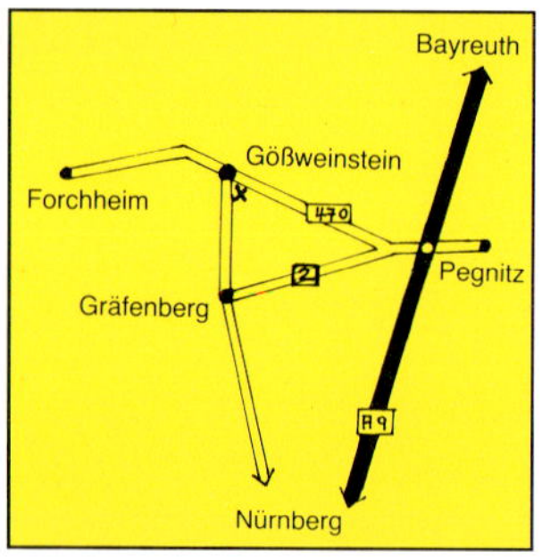

Mindestens zweimal hat dieser Linde mit dem gegabelten Stamm und zwei Kronenspitzen bereits ein Brand im Stamm gedroht.

Die Badangerlinde in Gößweinstein

Der Höhenluftkurort Gößweinstein und der Viertäler-Luftkurort Behringersmühle sind „beide vereint das kräftige Herz der Fränkischen Schweiz''. Tatsächlich ist die Landschaft vielgestaltig mit ihren Flüssen, Wäldern, Wiesen und vielen alten Ortschaften mit Altertümern.
Dazu gehört auch die „Badangerlinde'', die schon in der Chronik der Stadt Gößweinstein im 13. Jahrhundert erwähnt wird. Sie muß also sicher 700—800 Jahre alt sein und hat einen Umfang in Brusthöhe von 7,15 m. Der Stamm hat sich gegabelt, beide Teile sind bis zu einer Höhe von 25 Metern aufgeschossen und bilden eine Krone mit zwei Spitzen. Schon seit längerer Zeit war der Lindenstamm hohl und wies auf einer

Seite ein Loch auf. Deshalb war es bereits zu Bränden gekommen, die aber zum Glück unerheblichen Schaden anrichteten. Um ein größeres Unglück zu vermeiden, hat man den alten Baum vor einigen Jahren mit einem Kostenaufwand von 12 000 DM sanieren lassen und vor allem das Loch verschlossen. Als ich die schöne Linde besuchte, fand ich indes auf ihrer Rückseite ziemlich dicht am Boden ein weiteres Loch. Wahrscheinlich Kinder hatten in dieser Öffnung Reisig aufgeschüttet und in Brand

gesetzt, das Feuer scheint aber gottlob gleich wieder ausgegangen zu sein. Hoffentlich hat man diese Öffnung in der Zwischenzeit ebenfalls verschlossen, die Brandgefahr ist groß, und es wäre sehr schade um den prächtigen alten Baum.
Mit dem Namen der Linde kann man zunächst wenig anfangen und spricht ihn auch meistens falsch aus. Fragt man jedoch nach der Linde, wird ihr Standort etwa so beschrieben: ,,Am Bad auf dem Anger sehen Sie den Baum dicht an der Straße.'' Eigentlich müßte der Name ,,Bad-Anger-Linde'' geschrieben werden.

Die tausendjährige Linde zu Effeltrich

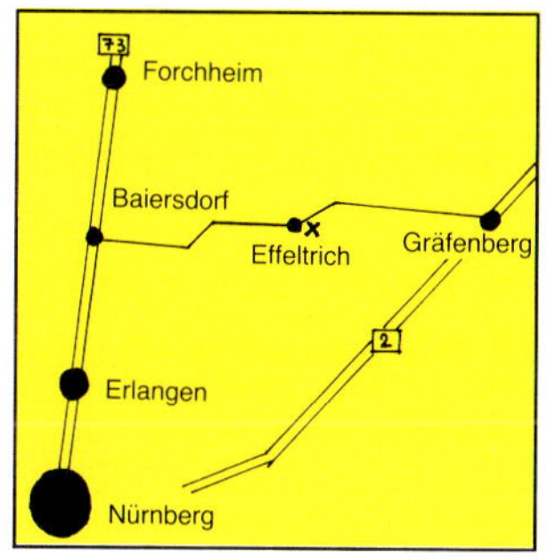

Auf einem Foto kann die Wucht dieses alten Baumes nur unzureichend wiedergegeben werden. Im Jahre 1935 wurde sein Alter von Sachverständigen auf 800 Jahre geschätzt. Pfleger und Betreuer der Linde ist Robert Kotz in Effeltrich, der in seiner Chronik über diesen Ort auch ausführlich über die Linde als lebendes Wahrzeichen Effeltrichs berichtet. Sie steht mitten auf dem Dorfplatz zwischen der Kirche und Wirtshäusern. Schon von weitem fällt der eigenartig geformte Baum mit seiner riesigen flachen und breiten Krone auf.
Von der Gemeinde wurden und werden beachtliche finanzielle Mittel aufgewandt, um diesen Schatz zu hegen und zu pflegen. Das Geäst der Linde ist so schwer, daß man bereits 1905 ein zweifaches Eichengerüst auf 24 Säulen zu seiner Stützung errichtete. Zimmermeister Kaul aus Poxdorf baute es für 1700 M. 1947 mußte es von Baumeister Hans Batz, Effeltrich, erneuert werden, Kostenaufwand 2000 M. Die Gemeinde tat aber noch weit mehr für ihren Baum. 1913, vor dem 1. Weltkrieg, wurden die inzwischen teilweise hohl gewordenen Baumteile für 400 M mit Ziegelstückchen ausgefüllt und mit einem Zementverstrich verschlossen. Als man später neue Erkenntnisse über die Erhaltung alter Bäume gewonnen hatte, betraute man 1977 den bekannten Baumchirurgen Maurer aus Röthenbach bei Nürnberg mit weiteren Sanierungsarbeiten. Die alte Linde wurde fachgerecht behandelt und wird nun hoffentlich noch manches Jahr grünen und blühen. 23 000 DM kosteten diese grundlegenden Pflege- und Erhaltungsmaßnahmen.
Unter dem Blätterdach des großen Baumes fanden zweifellos Gerichte und Beratungen statt, der etwa 90 cm hohe Steinkranz dürfte dafür sprechen. Vielleicht hat man aber schon in älteren Zeiten Erde um den Stamm aufgeschüttet, um die Wurzeln zu schonen.
Um die Mitte des vorigen Jahrhunderts und bis 1914 kamen die Honoratioren der Umgegend, besonders auch Studenten, Professoren und Offiziere aus Erlangen, zur Sommerszeit oft nach Effeltrich, um unter der Linde bei Musik und Gesang die sogenannten ,,Mondscheinnächte'' romantisch zu feiern. Am 12. Juni 1912 besuchte Prinz Ludwig, der spätere König Ludwig III. von Bayern, das Städtchen Effeltrich; zu Ehren dieses hohen Gastes wurde ein großes Fest unter der Linde gefeiert, und die Burschen und Mädchen in ihren farbenfrohen Trachten ,,tanzten einen Betzen aus''. Fröhliche Feste, tanzende Dorfjugend, Kriegsgetümmel, fahrende Gesellen, gemütliche Schwätzchen, die Hast und Eile neuerer Zeit — was alles mag ein solcher Baumveteran erlebt haben!

Nach dem 2. Weltkrieg geriet das bunte Treiben unter der Linde allmählich in Vergessenheit. Die Straßen wurden ausgebaut, und der Kraftfahrzeugverkehr um den Baum nahm immer mehr zu. 1966 wurden der Linde von unachtsamen Fahrern zwei starke Äste abgebrochen, sie verlor dadurch leider viel von ihrer stolzen Pracht.
Den flachen, weitgespannten Wuchs der Krone führt man auf die Nutzung des Baumes zurück. Jahrhundertelang, bis um 1850, schnitt man die in die Höhe strebenden Äste und Zweige ab, weil bei der Veredelung junger Obstbäume Bast benötigt wurde.
Einige Maße der Linde: Höhe 7,50 m; 8 Äste je 13 m lang und knapp 0,60 m stark; Stammfußumfang 30 cm über dem Boden 8,80 m; Holzmenge ohne Wurzelholz etwa 36 Ster (= Raummeter); Wurzelausdehnung rund 50 m. In einem Keller, etwa 40 Meter von der Linde entfernt, entdeckte man noch recht starke Wurzeln des Baumes. Besonders in die ungemauerten Mistgruben benachbarter Bauernhöfe schob unser Veteran sein weitreichendes Wurzelwerk, aber diese kräftigen Nahrungsquellen sind heute leider versiegt.

Nur aus der Entfernung läßt sich der eigenartige flache Wuchs der Linde zu Effeltrich ganz auf ein Foto bringen, leider geht dabei der Eindruck der Wucht dieses Baumes etwas verloren. Das Winterbild läßt begreifen, daß der Stamm — und sei er noch so stark — die Last der weit waagerecht ausladenden Äste nicht allein tragen kann.

Die Kunigundenlinde zu Kasberg

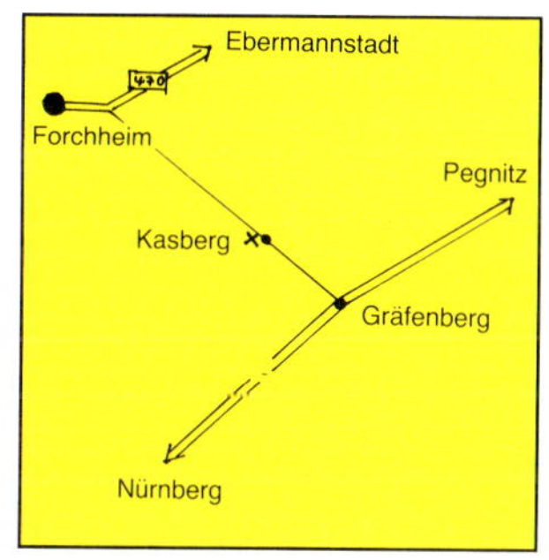

Nur wenige Altbäume hinterlassen einen so tiefen Eindruck auf den Besucher wie die Kunigundenlinde zu Kasberg. Sie wurde deshalb — Sinnbild eines Baumveteranen — auch auf dem Schutzumschlag dieses Buches abgebildet. Verwittert und tief gebeugt steht dieser Zeuge vergangener Jahrhunderte vor uns, ein Greis, der sich nur mit Krücken aufrecht halten kann. Zahlreiche Gewindestäbe halten die geborstenen Stammteile zusammen, damit der hinfällige Baumriese nicht vollends zusammenbricht.
Mehrfach wurde über die alte Linde geschrieben, hier einige Ausschnitte: In der Chronik von Kasberg aus dem Jahre 1920 heißt es: ,,Kunigundenlinde wird der Baum genannt, weil er der Sage nach von der heiligen Kunigunda gepflanzt sein soll. Jedenfalls hat dieser rund 1000 Jahre alte Baum zur Zeit der genannten Heiligen — ihr Gemahl Heinrich II. regierte 1001—1024 — bereits bestanden, und es ist anzunehmen, daß die Linde schon vor dem 14. Jahrhundert ein bemerkenswerter Baum war, als um 1360 der Sulzbacher Landrichter Volkelt von Taun Gerichtstage abhielt. Der Baum ist eine Stein- oder Winterlinde und treibt trotz seines hohen Alters, weil auf gutem, wenn auch steinigem Boden des weißen Jura, noch kräftige Zweige und Blätter. Deswegen, dann nach der im Sommer 1913 aus Mitteln des Kreises Oberfranken und der Ortsgemeinde Kasberg (rund 370 Mark) ausgeführten und gründlichen Hohlraumbehandlung, Aststützung und Einzäunung, läßt sich für die Kasberger Linde erhoffen, daß sie in Sturm und Wetter auch fernerhin manches Menschenalter überdauern kann.''
Ein Bericht über die Linde von August Sieghardt in ,,Fränkische Schweiz — Landschaft, Geschichte, Kultur und Kunst'' aus dem Jahre 1970 lautet gekürzt: ,,Der in vier Teile zerrissene Stamm hat einen Umfang von nicht weniger als 16 Meter, ist innen ganz hohl, trägt aber eine mächtige Krone, die alle Jahre frische Zweige hervorsprießen läßt. Die Höhlung des Stammes ist so groß, daß sich darin ein Reiter mit seinem Pferd leicht umdrehen kann. In dieser Hinsicht gleicht die Kasberger Kunigundenlinde der

Sturmgebeugt, verwittert, geborsten — ein Baumgreis auf Krücken und Inbegriff eines Baumveteranen. Von allen Seiten wirkt er malerisch und eindrucksvoll, im Sommer wie im Winter.

berühmten Linde zu Staffelstein, von der es heißt, daß sie der älteste Baum Deutschlands sei (siehe Seite 106). Die innere Weite der Kasberger Linde beträgt drei Meter, der mittlere Durchmesser viereinhalb Meter, der Hohlraum von einer Wand zur anderen ebenfalls drei Meter. Die Krone hat einen Durchmesser von zwanzig Meter und steigt bis zu einer Höhe von zwölf Meter empor. Diese Kunigundenlinde hat auch eine besondere historische Bedeutung ... Seit im Jahre 1796 die Franzosen unter ihrem geschlagenen General Jourdan durch Kasberg gezogen waren, wurde die Linde auch Franzosenlinde genannt. Man erzählt sich, daß die französischen Soldaten auf die Linde geschossen haben, ein französischer Oberst habe es ihnen aber verboten, sei mit seinem Pferd in die Linde hineingeritten und habe darin sein Pferd gewendet. Ein Jahr vorher lagerten unter der Linde ungarische Soldaten; ein Husar soll sich samt seinem Roß in der Linde so geschickt versteckt haben, daß man ihn nicht fand. Als im Jahre 1806 abermals Franzosen durch Kasberg zogen, steckten Soldaten die Linde in Brand; zum Glück wurde der Baum nicht völlig vernichtet. An Festtagen kam es früher oft vor, daß die Kasberger Einwohnerschaft in der Linde getanzt hat, wobei sich sechs Paare ungehindert in ihrem Hohlraum drehen konnten.''
In der gleichen Schrift findet sich auch ein Notruf zur Rettung der Linde. Hier heißt es u. a.: ,,Sturm und Wetter haben dem Baum schwer zugesetzt, besonders aber die Unvernunft der Menschen. Ehrfurchtsvoll stehen wir vor dem alten Recken, der

bis jetzt alle Unbilden überwand, nun aber dringend unserer Hilfe bedarf. Noch ist er zu retten.
Der Baumdoktor Michael Maurer, Röthenbach/Pegnitz bei Nürnberg, hat Vorschläge zu seiner Erhaltung gemacht. Ist denn im Lande des Wirtschaftswunders niemand da, der helfen könnte? Einige tausend Mark werden nötig sein. gez. K. Kronenberger.''

Es fanden sich hilfreiche Hände — besser noch Geldbeutel. 1976 wurde die Linde fachgerecht saniert. Die Baumbehandlung einschließlich der errichteten Schutzanlagen kosteten 28 000 DM. Der grüne Riese dankte es mit neuen frischen Trieben. Hoffentlich können sich noch viele Menschen an ihm erfreuen und ihn bewundern. Er stellt den Inbegriff eines Baumveteranen dar.

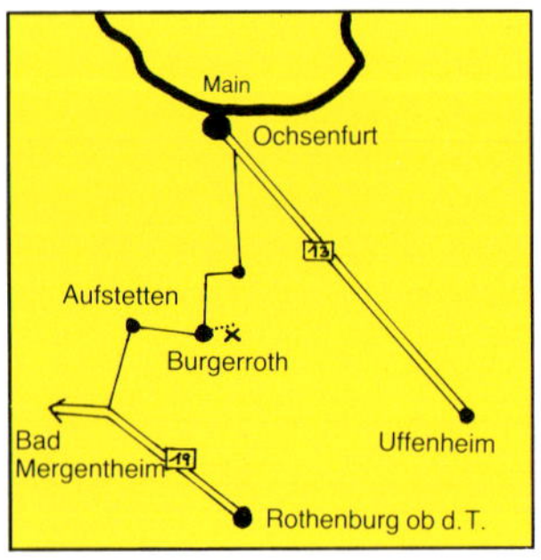

Die Kunigundenlinde bei Burgerroth

Auf einer Anhöhe in der Nähe des Dorfes Burgerroth, etwa 25 Kilometer südlich von Ochsenfurt, liegt weithin sichtbar die Kunigundenkapelle, neben ihr steht die gleichnamige Linde. Im Jahre 1007 gründeten Kaiser Heinrich II. und Kaiserin Kunigunde das Bistum Bamberg, im Jahre 1012 wurde der Dom zu Bamberg geweiht. Kunigunde wurde 1200 heiliggesprochen, ihr zu Ehren errichteten die Gläubigen diese Kapelle hier an einer alten germanischen Kultstätte. Die Linde soll in jener Zeit schon gestanden haben und in die Feldsteinmauer, die die Kapelle umgab, mit einbezogen worden sein.
Die jüngste Geschichte der Kunigundenlinde muß man in zwei Abschnitte einteilen, nämlich die Zeit vor dem

Die Kunigundenlinde als weit ausladender, mächtiger Baum im Sommer. Ihr dichtes Laubwerk verdeckt die hinter ihr stehende Kapelle vollständig.

Dezember 1978 und eine erschütternde nachher.
Zuerst die „gute" Zeit: Die uralte Linde hat einen Brusthöhenumfang von 12,30 m, eine Höhe von etwa zwölf Metern, und die gewaltige Krone mißt fast zwanzig Meter im Durchmesser. Das Stamminnere ist wie bei vielen alten Linden vergangen, so daß ein Freiraum entstand, in dem man umhergehen kann. Allein die stehengeliebenen äußeren Schalen tragen die gesamte Krone. Aus diesem Grunde machte man sich schon vor Jahren Sorgen, daß das große Gewicht der Krone den Baum bei Winddruck auseinanderbrechen lassen könnte.
Im Jahre 1969 führte deshalb der Baumchirurg Maurer eine Sanierung durch; er brachte innerhalb der Krone Seilverankerungen und Stützen an, beseitigte faules, morsches Holz und trug moderne Schutzfolien auf. Außerdem wurde der gesamte Wurzelraum mit einer Vorratsfütterung versehen. Der uralte Baum war zwar geborsten und zerklüftet, stellte aber ein immer noch grünendes und blühendes Denkmal dar, und nach der Sanierung konnte man hoffen, daß er auch kommenden Generationen ein lebendiges Zeugnis unserer Geschichte sein würde.
Und nun der Skandal: Im Dezember 1978 wurde die gesamte Baumkrone der Kunigundenlinde radikal abgeschnitten, so daß nur der Stamm, aus vier Teilen bestehend, übrigblieb. Diese Tatsache und die Art der Ausführung ist von Fachleuten und Freunden der alten Linde mit Recht als ein Skandal bezeichnet worden. Sinnlos, unnötig und dazu noch miserabel ausgeführt war diese Maßnahme. Jetzt steht vor der schlichten romanischen Kapelle ein unästhetisch wirkender Baumstumpf, der den kulturhistorischen Platz aller Würde beraubt. Von den Ästen ging keine Gefahr aus, weder für Menschen noch für die Kapelle. Es wird auch der Vorwurf erhoben, daß die Schnittflächen nicht einmal mit künstlicher Rinde geschützt worden seien, um den Eintritt von Fäulniserregern zu verhindern. Es hat sogar Einrisse im Holz gegeben, weil keine Fachleute mit der Ausführung dieser Arbeiten betraut wurden. Am meisten wird beanstandet, daß alle blatttreibenden Teile erbarmungslos mit abgesäbelt wurden, so daß keine Nährstoffe von den Blättern her mehr zu den Wur-

Im Winter wird die Kapelle sichtbar, auch die Stützen und Verankerungen im und um den Baum sind zu erkennen.

zeln gelangen können und diese dann ganz absterben. Jeder kleine Hobby-Gärtner weiß, daß so etwas nicht geschehen darf. Man hat nicht nur das schöne Gesamtbild Baum und Kirche geschändet, sondern wahrscheinlich zerstört, wenn nämlich die Linde stirbt. Niemand kann den Torso heute noch als Kunigunden-Linde ansprechen, sondern höchstens als Holz-Ruine.
Schon hat sich bestätigt, was Fachleute befürchteten. Die stehengebliebenen Stummel sind von der unversorgten Schnittfläche her eingetrocknet, Pilze haben sich mit Sicherheit angesiedelt und können nun auch in die Stammteile vordringen und eine tiefgreifende Vermorschung herbeiführen. Die im Abstand von etwa 20 cm von der Schnittfläche im Sommer 1979 auf den Aststummeln ausgetriebenen Schößlinge haben sicher nur eine kurze Lebensdauer, weil sie nicht von der Wurzel her, sondern von Stammreserven aufgebaut wurden. Sie sind aber bald aufgebraucht, denn die Wurzeln können nicht aktiv werden, weil die Blätter der Krone fehlen. Ein großer Teil der neuen Schößlinge vertrocknete schon im ersten Sommer.
Leider deutet alles auf eine Katastrophe hin. Man sollte daher alles daransetzen und tun, was noch zur Rettung der Linde getan werden kann. Natürlich müssen kompetente Fachleute herangezogen werden. Förster, Gärtner oder gar Angestellte von Behörden mögen es gut meinen, sie alle haben aber nicht gelernt, wie man Altbäume behandelt und saniert. Der heutige Baumfachmann hat sich von althergebrachten Anschauungen freimachen müssen und sich der in Europa und Nordamerika entwickelten Baumkonservierung und -chirurgie zugewandt. Nach diesen Erkenntnissen sind schon viele Uraltbäume in jüngster Zeit gerettet worden, es liegen sichtbare Ergebnisse vor.
Viel, sehr viel müßte getan werden, die Kosten sollten keine Rolle spielen. Eigentlich sollte man die Verursacher dieser Schandtat zur Rechenschaft ziehen, denn hier liegt zweifelsohne nach dem Bundesnaturschutzgesetz eine „Beschädigung und nachhaltige Störung eines Naturdenkmals" vor. Oder hat man sich schon eines Besseren besonnen und etwas getan, während dieses Buch gedruckt wird?

Und so sieht die Kunigundenlinde heute aus. Kommentar überflüssig . . .

Die Riesenlinde in Hoffeld

In Hoffeld in der Oberpfalz gibt es eine schöne, stattliche und gepflegte Linde, die auf ein Alter von 1000 Jahren zurückblicken soll. In der Gastwirtschaft „Zur 1000jährigen Linde", neben der dieser große Baum steht, hängt in der Wirtsstube an würdigem Platze mit Bildern der Linde aus früheren Zeiten die kurze Lebensgeschichte, geschrieben vom Heimatpfleger W. Sehr 1954, der folgendes entnommen werden konnte:
Die Ortschaft Hoffeld, die 676 m über NN liegt, soll anfangs nur aus zwei Höfen bestanden haben. Wegen der wunderbaren Fernsicht, die man von diesem Platze aus hat, ist der Ort zu einem begehrten Urlaubsziel für viele Menschen geworden. Sie haben die Kunde von der alten Linde weit in Deutschland verbreitet. Es ist vor einiger Zeit behauptet worden, daß die Linde zu Ende des Dreißigjährigen Krieges gepflanzt worden sei, aber diese Meinung konnte sich nicht durchsetzen gegen die feste Überzeugung der Hoffelder, daß die „Riesenlinde" viel älter sei. Sie feierten bei der Linde alljährlich ihr Lindenfest, und immer sei ihnen gesagt, daß die Linde 1000 Jahre alt ist.
Ein Teil der Hoffelder saß bei diesem Lindenfest in der Linde an Biertischen auf einem Bretterboden, der auf einen sehr starken Ast gelegt worden war, aber auch noch Holzstützen hatte. Dieses „Luftschloß" wurde wegen Baufälligkeit schon 1916 entfernt. Offensichtlich hatte wohl der starke Ast, der den Holzboden (und dazu dann noch bis zu 40 Menschen) trug, sehr gelitten, denn er brach im Jahr 1930 bei einem Sturm ab. Im Lauf der Zeit war der Baum sehr hochgewachsen, seine obersten Spitzen sollen 40 Meter über der Erde gewesen sein, weshalb sie auch den Namen „Riesenlinde" erhielt. Vor einigen Jahren ist der Baum durch die Firma Maurer saniert worden. Dabei sind die bekannten und neuerdings üblichen Maßnahmen durchgeführt und besonders die hochaufgeschossenen Äste stark eingekürzt worden. Trotzdem ist sie jetzt noch 20 m hoch und hat einen Brusthöhenumfang von 6,40 m.

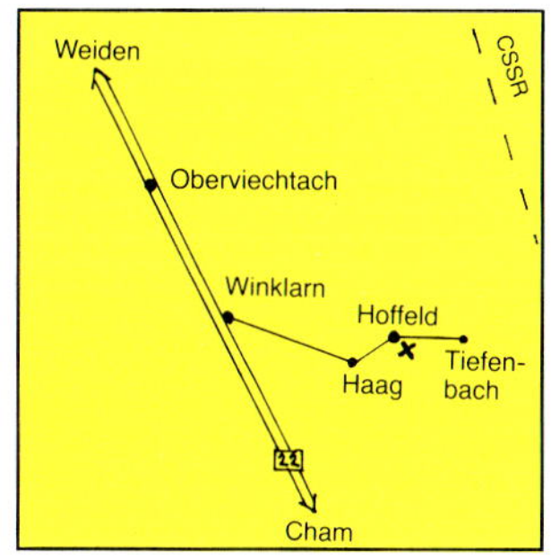

Ein fachgerecht sanierter Baum. Nach Einkürzung der Äste hat die Linde von ihrem harmonischen Erscheinungsbild nichts eingebüßt.

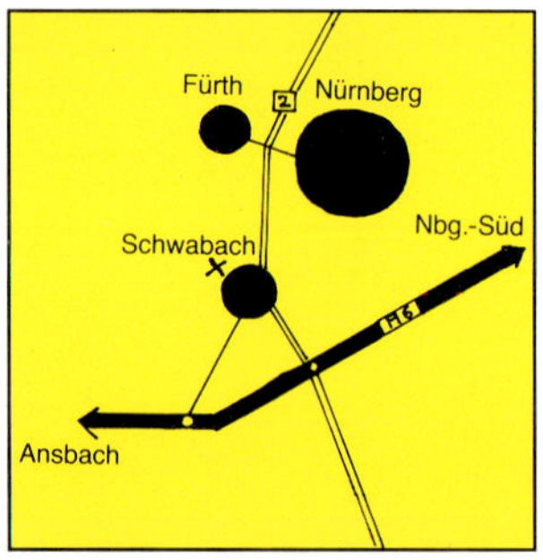

Für die Erhaltung ihrer alten malerischen Linde greifen die Schwabacher tief in den Stadtsäckel.

Die alte Linde zu Schwabach

Wenn man allein nach dem Alter geht, gehört diese Linde nicht in dieses Buch über unsere Baumveteranen, weil sie nur etwas über 200 Jahre alt ist. Als gutes Beispiel für verantwortungsvolle und liebevolle Baumpflege wurde sie dennoch aufgenommen.
Das alte Schwabach nennt sich auch „Lindenstadt", weil auf den in den Jahren nach 1744 zugeschütteten Wallgräben zahlreiche Bäume, darunter auch Linden, gepflanzt worden sind. Noch heute sind diese Anlagen, die die ganze Stadt außerhalb der Stadtmauer umgeben, eine Zierde. Schwabachs ehrwürdigstes Naturdenkmal und sein Wahrzeichen ist die „Alte Linde", die 1768 vor dem im Jahre 1874 abgebrochenen Hördlertor gesetzt wurde. Da sie auf nährstoffreichem Boden steht und das Wasser des nahen Mühlbaches sie nie dursten läßt, entwickelte sie sich zu einem stattlichen Baum mit starkem Stamm und großer Krone. Ihr Umfang in Brusthöhe beträgt heute 7,20 m und ihre Höhe 18 Meter. Rings um den Stamm hat man eine Ruhebank gestellt, nur wenig über der Rückenlehne streben die vielen riesigen Äste weit auseinander und bilden gemeinsam die weithin schattende Krone.

Der Baum ist wegen seiner Schönheit viele Male von Einheimischen wie von Fremden gemalt, gezeichnet und fotografiert worden. Leider zeigte er schon seit einigen Jahren Alterserscheinungen, so daß man 1967 mit Pflegemaßnahmen helfend eingreifen mußte. Kürzlich griff die Stadt erneut in den Geldsäckel, der bereits oft genannte Baumchirurg Maurer wurde geholt. Er sanierte die Linde nach den modernsten baumpflegerischen Erkenntnissen. Vor allem wurden alle einschnürenden eisernen Ringe und die hölzernen Stützen beseitigt und die großen Äste der Krone mit Stahlseilen untereinander verspannt, damit die Krone sich selbst trägt, sich unter Winddruck noch bewegen kann. Insgesamt hat die Stadt schon über dreißigtausend Mark für Pflege- und Erhaltungsmaßnahmen ausgegeben.

Die Wolframslinde zu Kötzting

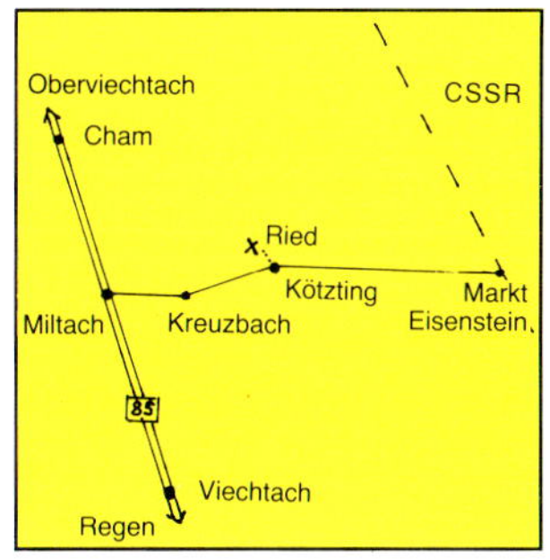

Auf sonnigem Flecken, umgeben von alten Waldlerhäusern, steht eines der markantesten Naturschutzobjekte Ostbayerns, ein Methusalem von rund 1000 Jahren, die Wolframslinde zu Kötzting. Dieses einzigartige Naturdenkmal ist eine urweltliche Rindenfestung mit Wülsten, Schrunden und Rissen, mächtig und stark, ein gewachsener verwitterter Wehrturm. Der Umfang des Stammes beträgt 16 Meter, sein Durchmesser 5 Meter. Teilweise wie auf Stelzen steht der Baum, in seinem hohlen Stamm haben etwa zwölf Personen Platz. Aufgrund der Höhlung kann man durch die Äste und das Laub hinauf zum blauen Himmel sehen. Man sagt, daß in kriegerischen Zeiten verängstigte Menschen hier bei der Linde Zuflucht gesucht hätten. Heimatfreunde gaben dem Baum den Namen Wolframslinde, weil Wolfram von Eschenbach, der berühmte Sänger und Dichter ritterlicher Heldenideale, dessen Hauptwerk der „Parzival" ist und der etwa 1170—1220 lebte, in seinem Schatten die Legendendichtungen ersonnen habe.

Im Jahre 1966 hielt es die Untere Naturschutzbehörde des Landkreisamtes Kötzting für dringend erforderlich, die Wolframslinde durch sachkundige Erhaltungsmaßnahmen zu pflegen und zu behandeln. Sie wies erhebliche Alterserscheinungen auf.

„Die Linde ist im Innern des Stammes hohl, teilweise auch die Äste von der Stelle an, wo der Mittelstamm durch Sturm ausgebrochen war. Rinde und Splintholz waren an mancher Stelle nur noch 10 cm dick. Der Innenraum war angefüllt mit Mulm, Abfall und totem Holz, welches eine ideale Brutstätte gab für Pilze und Würmer. Wegen des hohen Alters — sie wird auf 1000 Jahre geschätzt ist vermutlich auch die Nahrung um die Wurzeln herum verzehrt. Überall hatte der Baum Beschädigungen durch Stürme, Blitzschlag, Feuer und mutwillig durch Menschen beigebrachte Verletzungen. Manche der

Der Fuß der tausendjährigen Linde; nur noch die äußeren Schalen und krallenartige Wurzeln sind zu sehen.

Äste waren zu stark und weitausladend, so daß Astbruch drohte, und eine ganze Anzahl von jungen Bäumen und Sträuchern standen ihr zu nahe und bedrängten sie.''
Dies stellte der Baumchirurg Maurer 1966 fest. Er erhielt im Jahre 1967 den Auftrag, die Linde zu sanieren. Als erstes wurden der Mulm auf dem Boden der inneren Höhlung und die Erde innen und um den Stammfuß herum beseitigt und 20 cm hoch feiner Gesteinsschotter eingebracht. Alles tote und faule Holz wurde abgedexelt und herausgeschnitten und die freigelegten Holzflächen mit pilztötenden Mitteln bestrichen. Die Öffnungen in den Stammwänden wie auch im Innern nach oben hin sind absichtlich offengelassen worden, um durch die eintretende Frischluft weiteren Pilzentwicklungen vorzubeugen. Der Zusammenhalt der äußeren Stammschalenteile und der darauf emporstrebenden Äste wurde durch Gewindestäbe gewährleistet, die durch das Holz hindurchgeführt wurden und außen mit Widerlagern und Muttern versehen sind. Der ausgezehrte Boden um die Wurzeln wurde aufgegraben und mit einer Tiefenvorratsfütterung versehen. Schließlich entfernte man die um die Linde stehenden kleinen Bäume und Sträucher und zäunte den gesamten Platz ein. Die Kosten beliefen sich auf 5 000 DM, ein Betrag, der, gemessen an manchen anderen Baumsanierungen, nicht einmal als übermäßig hoch bezeichnet werden kann.
Einen gepflegten Eindruck macht die Wolframslinde. Sie trägt frisches grünes Laub und ist sicher für viele Jahre oder gar Jahrhunderte der Nachwelt erhalten worden. Ihr Umfang beträgt heute noch 16 Meter.

Die Wolframslinde in ihrer ganzen Wucht, kaum weniger eindrucksvoll als die Kunigundenlinde zu Kasberg. Sie wirkt fast wie ein Ungeheuer aus Urzeiten.

Die Bavaria-Buche bei Pondorf

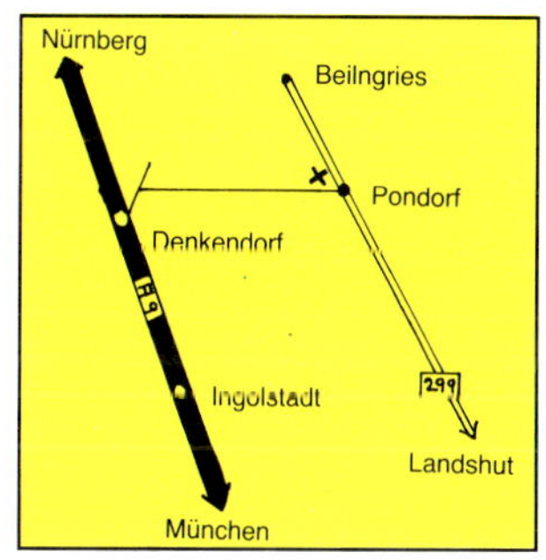

Pondorf liegt etwa 50 Kilometer nordöstlich von Ingolstadt, nach Osten zu ist es nicht weit zum Altmühltal. Die Landschaft ist verhältnismäßig flach, und doch hat die Buche eine Mulde gefunden, die sie vor allem als Jungbaum gegen allzu heftige Winde und Stürme ein wenig schützte. Sie steht allein auf weitem Feld und konnte deshalb ihre Äste weit nach allen Seiten ausbreiten, nichts hat sie je beengt. Bei diesem Baum erkennt man erst, welch herrliche Kronen Buchen bei freiem Stand entwickeln können, im Walde recken sie sich zwar hoch, haben für eine breite Krone aber keinen Platz.
In der Ortschronik von Pondorf steht: ,,Als außerordentliche Besonderheit kann Pondorf die ‚Bavaria-Buche' aufweisen. Dieses Naturdenkmal steht neben der Straße nach Stenzenhof, ca. 650 Meter nordwestlich von Pondorf. Dieser Baum, der die seltene Form eines Steinpilzes hat und von außergewöhnlicher Schönheit ist, soll schätzungsweise 900 Jahre alt sein. Der Stamm hat einen Umfang von acht und der äußere Kronenumfang beträgt 84 Meter. Ihren Namen hat die Buche hauptsächlich von gebürtigen Pondorfern, die in die weite Welt zogen und gelegentlich eines Heimaturlaubs gern in ihrem Schatten saßen.''
Die Altersangabe scheint mir etwas hochgegriffen, Buchen werden selten so alt, bei der Liebe und der Verehrung der Pondorfer zu ihrem Baum ist dies aber verständlich.
Nicht allzuweit von Pondorf entfernt gibt es noch einen bemerkenswerten Baum: Essing im Altmühltal besitzt eine herrliche Eiche, die 1500 Jahre alt sein soll und einen Umfang von 6,25 m in Brusthöhe hat.

Auf den folgenden beiden Seiten ist die wegen ihrer Schönheit bekannte Buche abgebildet, einmal der mächtige wulstige Stamm, dazu ein Gesamtbild, das ihren gleichmäßigen Wuchs zeigt.

Die Gerichtslinde zu Mönchsdeggingen

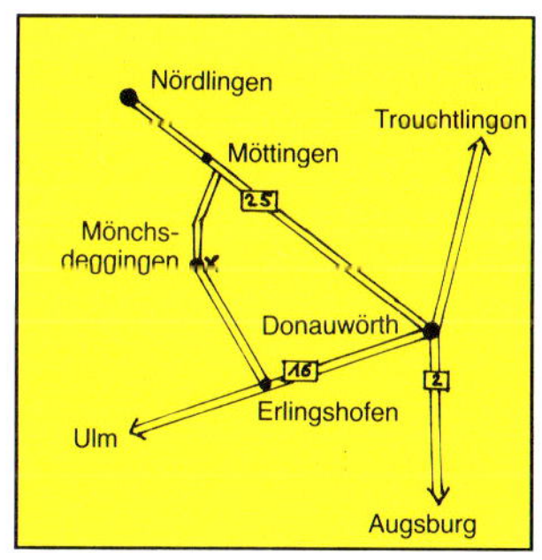

Bei der Geschichte dieser Linde muß eines Mannes ganz besonders gedacht werden, dessen Initiative es trotz bescheidener persönlicher Verhältnisse zu verdanken ist, daß der Baumveteran erhalten werden konnte. Ein an die Gemeinde Mönchsdeggingen gerichtetes Schreiben mit der Bitte um Auskünfte über die Linde wurde nicht von dort, sondern von einem Herrn J. F. Wiedemann, Pfarrmesner zu Mönchsdeggingen, beantwortet. Er schrieb, die von ihm betreute 1000jährige Gerichtslinde sei noch vorhanden, er habe ihr erst kürzlich durch den berühmten Baumchirurgen Maurer eine Frischzellenspritze verpassen lassen. Etwas später schrieb er: ,,Auf Ihren Besuch freue ich mich sehr. Möchte aber erwähnen, daß ich jeden zweiten Tag in der Kreisstadt Nördlingen (15 km nordwärts) abwesend bin, wo ich trotz meiner 81 Jahre das Amt des Türmers auf dem 90 m hohen Turm der Kirche St. Georg ausübe. Man muß sich also verabreden ...''
Sicher hat es in der Vergangenheit stets Menschen gegeben, die sich um die Erhaltung wertvollen Kulturguts bemüht haben. Besondere Hochachtung aber und unser Dank gebührt dem Herrn Wiedemann, der sich mit bewundernswertem Idealismus für die Erhaltung eines alten Baumes einsetzte und sich die Kosten dafür später vom eigenen Munde absparte. Bezeichnend dafür sind die Ausführungen des Herrn Maurer aus Röthenbach:
,,Da erhielt der Baumchirurg im Jahre 1961 von dem Pfarrmesner Wiede-

Aus der Ferne bietet die alte Gerichtslinde mit ihren weit auseinanderstehenden Hauptästen ein eigenartiges Bild.

mann ein Schreiben, die alte Linde zu retten. Bei der Ortsbesichtigung erzählte er, daß er bisher die Stützen angebracht und immer nachgesehen habe. Als man ihm die Summe von mindestens 4 000 DM nannte, die die Erhaltungsmaßnahmen kosten würden, meinte er traurig: ‚Da muß ich aber ganz schön sparen, bis ich das Geld zusammenhabe.'
Als er noch sagte, daß er als Invalide nur den niedrigsten Satz Unfall-Rente bekomme und daß ein Mesnergehalt nur 500 DM im Jahr betrage, entschwand jede Hoffnung, daß er das Geld je zusammenbringen würde. Wider alles Erwarten kam 1967 ein Brief des Herrn Wiedemann: ‚... Sechs Jahre ist nichts geschehen, weil die Gemeinde kein Interesse und ich kein Geld hatte. Nun aber habe ich so viel gespart, daß ich den Baum aus eigenen Mitteln verarzten lassen kann. Unser Bürgermeister hat mir einen Zuschuß aus der Gemeindekasse in Aussicht gestellt, auch der Kreisgartenbauoberinspektor Bösel will Gelder des Kreistages Nördlingen flüssigmachen.''
Es dürfte eine einmalige Tat eines armen Privatmannes gewesen sein, einen solchen Betrag für die Rettung eines der alten Kulturdenkmäler unserer Heimat aufzubringen, eine Tat, die nicht genug gelobt werden kann!
Inzwischen sind die Erhaltungsmaßnahmen durchgeführt worden: ,,Der sich in den Höhlungen und Öffnungen befindliche Beton wurde sorgfältig ohne Beschädigung der Rinde herausgenommen, das gesamte von Pilz befallene und zerstörte Holz abgehobelt, zum Teil von Hand und zum Teil mit Elektrohobel. Die rindenbaren Holzflächen sind pilz- und wasserabweisend gemacht, Wasserabläufe wurden eingebaut. Alle Wundränder sind in günstige Saftstrombahnen gelegt. Zur Sicherung des starken, weitausladenden Stämmlings wurden zwei Teleskopstützen, bestehend aus je einem Führungs- und Innenrohr, untergebaut. Diese

Dem Pfarrmesner Wiedemann ist es zu verdanken, daß der Baum heute noch lebt. Gäbe es nicht Idealisten wie ihn, wäre es um viele unserer Baumveteranen schlecht bestellt.

Stützen aus Qualitätsstahlrohr entsprechen den biologischen Forderungen des Baumes. Die Stützen hindern ihn lediglich bei Senkbewegungen, keinesfalls wird die lebensnotwendige Rinde abgedrückt, da die Stützen an einem durch den Ast führenden Gewindestab verschraubt sind. Dürres Holz sowie zwei starke, abgetrocknete Ständeräste wurden aus der Krone entfernt. Eine Tiefenvorratsfütterung wurde eingebracht. Das Anlegen von Stahlseilankern sowie das Einziehen von Gewindestäben war nicht erforderlich.''
Das Alter der Gerichtslinde wird nach Jahresringzählungen mit rund 1000 Jahren angegeben. Ihr Umfang in Brusthöhe beträgt acht Meter, ihre Höhe zwanzig Meter. Früher befand sich, wie oftmals bei Linden, in der Krone ein Podium, zu dem eine Treppe führte; an Festtagen wurde in der Linde getanzt. Den Boden hat man jedoch bereits zu Ende des 18. Jahrhunderts entfernt.
Wenn man das schwarzweiße Bild mit dem Farbfoto vergleicht, glaubt man, es handele sich um zwei verschiedene Bäume. Es ist aber der gleiche, nur von verschiedenen Standpunkten aus fotografiert. Einer der großen Äste hat sich im Laufe der Zeit immer weiter zur Seite geneigt, es sieht aus, als müsse er jeden Augenblick zu Boden brechen. Dieser Ast befindet sich auf dem Farbbild rechts. Daß die Linde einst einen Tanzboden trug, ist heute kaum vorstellbar.
Etwa im Jahre 1800 brach ein mächtiger Ast aus der Linde heraus, weil er zu stark und schwer geworden war. Er riß dabei ein großes Loch in den Stamm hinein. Die sich in solchen Wundstellen einfindenden Pilze und Insekten setzen dem Baum arg zu. Ihr Zerstörungswerk wird besonders gefördert, wenn man, wie in früheren Zeiten üblich, solche Löcher mit Steinen, Mörtel und Zement verplombt. Ein wirklich dichter Verschluß kann damit wegen der Eigenbewegungen des Baumes und des arbeitenden Holzes nie erreicht werden, in den Fugen verbleibt ein idealer Schlupfwinkel für alle möglichen Schmarotzer. Das war auch bei unserer Gerichtslinde zu Mönchsdeggingen der Fall, bis die fachgerechten Arbeiten den Baum sanierten, damit er nun hoffentlich noch lange grünt und blüht.

Auf diesem Bild sind einige der Sanierungsarbeiten gut zu erkennen, etwa die Astbehandlung oben links und die Stahlstützen, die den einen der beiden Stammteile aufrecht halten.

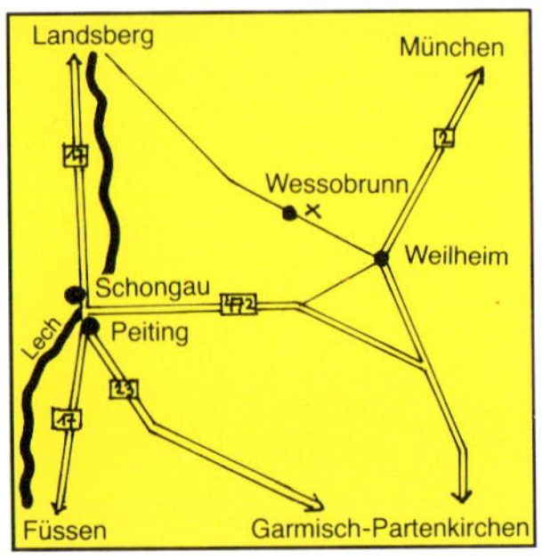

Die Tassilo-Linde bei Wessobrunn

Aus den Stammresten der Linde sind mehrere starke Äste emporgeschossen. Der Baum ist stark gefährdet und müßte dringend saniert werden.

Auf freiem Feld, südöstlich vom Klosterhof einer Benediktinerabtei, die im Jahre 753 gegründet wurde, steht eine uralte Linde. Tassilo III., letzter Herzog aus dem Geschlecht der Agilofinger, die in Bayern von 590—788 regierten, stellte die Abtei unter seinen besonderen Schutz. Deshalb wurde die in der Nähe stehende Linde nach ihm benannt.

Setzt man die Pflanzung der Linde mit der Klostergründung in Beziehung, wäre der Baum heute über 1200 Jahre alt. Man könnte auf ein solches Methusalem-Alter schließen, besonders, wenn man den gewaltigen Stammumfang der Linde von 13,30 m berücksichtigt. Gesichert ist dies jedoch nicht, denn es finden sich keine schriftlichen Aufzeichnungen darüber. Die Linde gehört zu den stärksten Bäumen, die wir in Deutschland kennen. Wie bei fast allen uralten Bäumen ist das Stamminnere seit langem vergangen, die äußere Schale klafft an zwei Seiten weit auseinander. Dennoch sind aus diesen Stammresten mehrere starke Äste emporgeschossen, wie man auf dem Foto gut erkennen kann.

Sie tragen eine große grüne Krone, die 23 Meter hoch und 20 Meter breit ist.

Der alte Baum müßte dringend saniert werden. Vor allem brauchte er Seilanker innerhalb der Krone, die die großen Äste sichern. Es wäre schade, wenn einer der nächsten Stürme die Krone — oder Teile von ihr — zu Bruch gehen ließe. Gerade große abgebrochene Äste hinterlassen erhebliche Wunden, die ein so alter Baum ohne menschliche Hilfe schwer verkraften kann.

In Wessobrunn selbst findet man an der Hauptstraße noch eine weitere sehr schöne Linde, die „Wessobrunner Dorflinde''. Sie hat ein Alter von 330 Jahren und in Brusthöhe einen Umfang von 4,80 m.

Zur Gründung des Klosters Wessobrunn gibt es eine alte Sage: Ritter Tassilo jagte oftmals in den schluchten- und wildreichen Höhen am Thesselbach. Im Traum sah er singende Engel auf einer Leiter auf- und niedersteigen und Wasser zum Trunke aus einer Quelle schöpfen. An dieser Stelle ließ Tossilo das Kloster bauen, das er nach seinem Begleiter Wesso nannte.

Die Hindenburg-Linde bei Ramsau

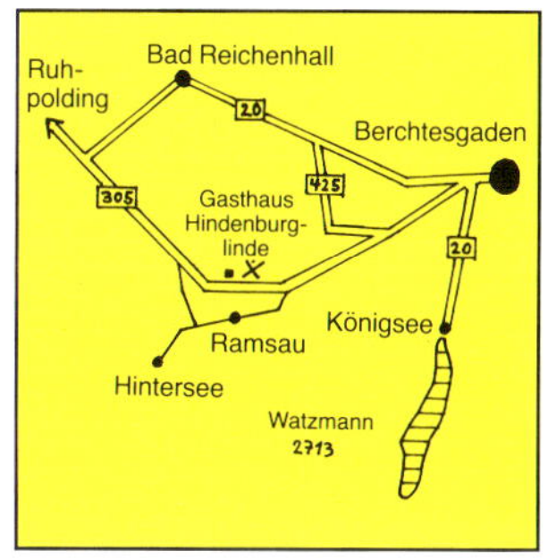

Im äußersten Südosten unserer Bundesrepublik, in einer an Naturschönheiten gesegneten Landschaft, steht an der Bundesstraße 305 zwischen Ramsau und Unterjettenberg diese wunderschöne Linde, die ein Alter von 1000 Jahren haben soll.
Der Baum hat nicht nur ein hohes Alter erreicht, sondern weist auch mit seinem Umfang von 11 Metern und einer Höhe von 35 Metern beachtliche Maße auf. Ob die Linde wirklich 1000 Jahre alt ist oder ob ihr an diesem Alter einige Jahre fehlen, bleibt ohne Belang; Baumalter werden eigentlich immer in abgerundeten Zahlen wiedergegeben, es sei denn, ein Pflanzdatum wäre urkundlich belegt, und einen so langen Zeitraum von Hunderten von Jahren können wir ohnedies gedanklich kaum ermessen.
Im Gegensatz zu den meisten Baumveteranen, die in diesem Buch vorgestellt werden und die auf geborstenen, verwitterten Stämmen stehen, hat die Hindenburg-Linde einen geradezu gigantischen Fuß. Das junge

Links steht die riesengroße Hindenburg-Linde, der Weißdornbaum rechts soll ebenfalls an tausend Jahre alt sein.

Das Bild auf der Vorseite kann aus so weiter Entfernung die Stärke und Größe der Linde nur unvollkommen wiedergeben, erst beim Anblick des gigantischen Stamms werden die Ausmaße des alten Baumes deutlich.

Mädchen zwischen den Wurzelkrallen macht die Ausmaße des Baumstammes besonders deutlich. Stürme haben auch bei diesem Baum ihre Spuren hinterlassen, Astabbrüche machten ihm zu schaffen. So entschloß man sich 1955, die Linde durch die in München ansässige Firma für Baumchirurgie Volgger sanieren zu lassen; 1966 wurde eine weitere Baumbehandlung notwendig. Trockene Äste wurden beseitigt, die starken Kronenäste untereinander durch Seile verbunden, Faulstellen entfernt und Wundstellen behandelt. Jetzt macht die Linde wieder einen gepflegten Eindruck, und wenn man sie in voller Belaubung sieht, erkennt man nichts von den Schäden.
Die Hindenburg-Linde wird ebenfalls in dem im Quellenverzeichnis aufgeführten Baumbuch von Friedrich Stützer aus dem Jahre 1900 genannt. Sie hatte damals, vor 80 Jahren, in einem Meter Höhe einen Umfang von zehn Metern, konnte also in den letzten Jahrzehnten noch an Zuwachs gewinnen. Über die Mächtigkeit ihrer Krone und ihren Standort heißt es in diesem Buch: ,,Über grünendem Weideland baut sie ihren Blätterdom auf, der eine Fläche von 900 qm beschattet. Die Linde steht auf einer sogenannten Freie oder Trade. Darunter versteht man Weideflächen im forstärarialischen Besitze (Ärar = Staatsvermögen), die von altersher als landesherrliche Freiplätze den Lehensbesitzern von Ramsau zum begünstigungsweisen Genuß der Weide und der Laubstreu überlassen sind. Ein besonderes Gesetz bestimmt, daß sie niemals aufgeforstet werden, weder vom Forstärar, noch von den Nutznießern der Laubstreu. Ebensowenig dürfen die sie schmükkenden Baumgruppen jemals gefällt werden; daher das hohe Alter der meisten dieser Linden und Ahornstämme.''
Es muß noch darauf hingewiesen werden, daß vor dem Gasthaus in der Nähe der Linde ein Weißdornbaum steht, der ebenso alt sein soll wie die Hindenburg-Linde. Auf dem Bild ist er rechts von der Linde zu sehen. Die Bäume sind so groß, daß man sie — sollen sie ganz auf das Bild kommen — nur aus erheblicher Entfernung fotografieren kann. Von ihren Ausmaßen geht dabei natürlich einiges verloren.

Die alte Eibe zu Balderschwang

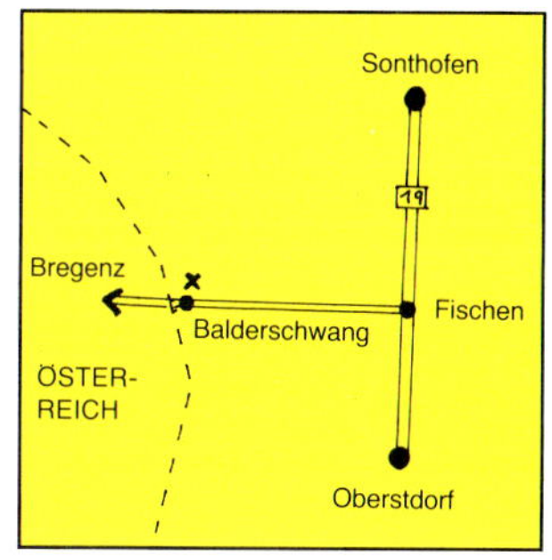

Südöstlich von Balderschwang steht in 1150 m Höhe eine männliche Doppel-Eibe (Taxus baccata) auf dem kalkhaltigen Nagelfluhboden des Tertiärs, dem Eiben auch als Reliktpflanze zugeordnet werden. In einem Artikel über die Eibe zu Balderschwang ist Partsch der Meinung, hier die Restteile eines einzigen Baumes gefunden zu haben. In zweijähriger, vielfach wiederholter Beobachtung konnten keine Unterschiede zwi-

Scheinbar stehen hier zwei Eiben dicht beieinander. Vermutlich aber handelt es sich um einen einzigen gespaltenen oder auseinandergebrochenen Baum, der ein Alter von 2000 Jahren haben soll.

schen den zwei Teilen festgestellt werden. Sie treiben beide gleichzeitig aus, besitzen die gleiche Nadelfarbe, -form und -länge, haben gleiche Zweigstellungen und erreichen beide die Höhe von 6 Metern. Der Gesamtdurchmesser an der Basis — es fehlt ein Mittelstück von etwa 1 Meter Breite — beträgt 2,70 m, der Brusthöhenumfang um beide Teile 8,10 m. Man schätzt diese Eibe auf ein Alter von knapp 2000 Jahren. Da das Alter nicht exakt angegeben werden kann, werden jetzt Altersuntersuchungen durchgeführt, denn es gibt heute moderne Methoden der zuverlässigen Altersbestimmung an lebenden Bäumen.
Unsere Eibe hat mit Sicherheit lange Zeit in einem deckenden Bergmischwald gestanden, der in der Nähe noch vorhanden ist, dessen Teil um sie herum aber der Rodung zum Opfer fiel. 1569 baute man in Balderschwang die erste Kapelle. Wahrscheinlich erfolgte die Besiedlung dieses einsamen Tales erst ein halbes Jahrhundert vorher. Es ist ein glücklicher Zufall, daß uns die Eibe erhalten blieb, obwohl bis in das Mittelalter hinein Eibenholz gesucht war.
Betrachtet man neben diesem frisch grünenden, heute noch fruchtenden Baum die gesamte menschliche Geschichte, zwingt diese Lebensleistung der Natur zu tiefer Demut. Kein Wunder, wenn Alexander der Große, als er bei seinen Kriegszügen auf eine alte Zeder traf, dieser seine Königskette umhängte zum Zeichen seiner Ehrfurcht vor dem Alter des Baumes.

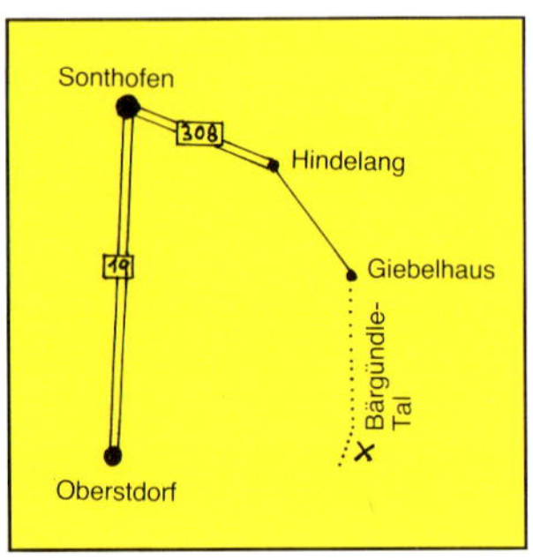

Die alte Eibe im Bärgündle-Tal

Von vielen Menschen unbeachtet lebt südöstlich von Sonthofen in 1250 m Höhe eine Eibe. Dieser Baumgreis soll 2000 Jahre alt sein und hat einen Brusthöhenumfang von drei Metern. Gemessen an den gewaltigen Stammumfängen anderer Bäume in diesem Buch mag das gering erscheinen, aber Eiben erreichen nie den Umfang etwa gleichaltriger Eichen oder Linden, wir kennen sie meist nur als Zierbüsche in unseren Gärten. Eiben hatten für unsere Vorfahren zur germanischen Zeit große Bedeutung, aus ihrem harten Holz wurden Bogen, Stiele und alle möglichen Geräte geschnitzt.
Ein Besuch unserer Eibe im Bärgündle-Tal lohnt sich nicht nur wegen ihres Alters, sondern sie steht dazu auch in einer herrlichen Bergwelt. Von ihrem Standort aus schweift der Blick zu hohen Zinnen, zum ,,Nebelhorn'', zum ,,Hochvogel'', zum ,,Sattelkopf'' und ,,Roßkopf''. Sie ist nicht so leicht zu erreichen wie die anderen beschriebenen Bäume. Mit dem Auto kann man über Sonthofen und Hindelang nur bis Hinterstein fahren. Ab dort ist der allgemeine Autoverkehr verboten. Vom Gasthaus ,,Grüner Hut'' aber fährt alle zwei Stunden ein Bus bis zum ,,Giebelhaus'' (Fahrzeit 30 Minuten), von wo aus man zu Fuß auf guter Straße weiterwandern muß, stetig langsam im Bärgündle-Tal bergauf. Nach etwa einer Stunde langsamen Wanderns erreicht man (200 Meter hinter einer Seilbahnstation ,,nur für Lasten'') die Eibe.
Nur ein geschultes Auge, das alte Eiben kennt, wird sie sofort sehen. Sie steht dicht angelehnt an eine Fichtengruppe hangabwärts, etwas unter einer der Fichten. Und dort, so kann man es sich vorstellen, hat die große Fichte unserer Eibe in all den letzten Jahren einen großen Teil der drückenden Schneelasten abgenommen und damit ihr Leben verlängert.

Am gesamten Weg bis zur Eibe findet sich kein Hinweis, und auch an der Eibe selbst ist keine Tafel, kein Schild angebracht. Das ist wohl zum Schutz des Baumes leider heute notwendig geworden, denn zahlreiche Wanderer haben, wie ich vermute, früher Rindenteile, Holzstücke und Zweige von der Eibe abgebrochen und mitgenommen, sehr zum Schaden des Baumes. Ich saß einen Tag bei der alten Eibe, und wohl an die hundert Wanderer gingen achtlos an ihr vorüber. Nicht einer hielt an. Das freute mich für die Eibe, zugleich aber stimmte es mich traurig und nachdenklich. Immer mehr Menschen verlieren in unserer nüchternen Zeit den Blick für die Natur. Ein altehrwürdiger 2000jähriger Baum — verdient er nicht einige Augenblicke der Besinnung und Andacht?

Auch diese Eibe soll schon vor Christi Geburt gegrünt haben. Eichen oder Linden werden im Alter viel breiter und höher, und auch ihr Stammumfang zeigt imponierendere Maße als Eiben. Viele Menschen erkennen das Methusalem-Alter dieses Baumes nicht — vielleicht zu seinem Nutzen?

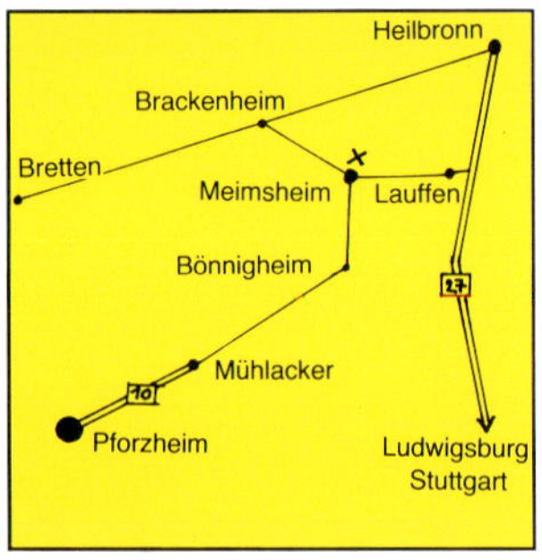

Die Meimsheimer Linden

Westlich von Lauffen am Neckar liegt im Zabertal der Ort Meimsheim, heute zur Stadt Brackenheim gehörend. Hier steht eine aus dem Jahre 1461 stammende spätgotische Kirche mit spitzem, achteckigem Turm inmitten eines ummauerten Friedhofes. Zu beiden Seiten des Friedhofeingangs erheben sich zwei mächtige Linden, deren eine zu den ältesten Naturdenkmalen im „schwäbischen Ländle" gehört.

Sie soll ein Alter von 1000 Jahren haben, und ihr Umfang in Brusthöhe beträgt 8,50 m. In wenigen Metern Entfernung ist eine Steinbank rund um den Baum gemauert, die an warmen Sommertagen besonders abends gern von jung und alt aufgesucht wird. Seit altersher hat man sich bei der Linde eingefunden, wichtige Dinge wurden hier entschieden. Zur Zeit der Grafschaftsverwaltung nach Karl dem Großen fanden Gerichtssitzungen unter dem Baume statt, die Jahrhunderte hindurch mit zahlreichen Eintragungen belegt sind. Die alten Berichte erzählen so manches über das, was die Menschen damals bewegte.

Seit vielen, vielen Jahren — und auch heute noch — werden abends in den Sommermonaten Aufführungen veranstaltet und Laternenfeste gefeiert, in der Linde hängen dann unzählige bunte Lampen. Nach dem letzten Krieg war man glücklich, daß der Linde nichts geschehen war. Am 14. Juli 1950 schlug bei einem heftigen Gewitter ein Blitz in den Baum. Er zersplitterte alle hölzernen Stützen, weil an ihnen die elektrischen

Der Jägerzaun um die Linde schützt den alten Baum vorbildlich gegen mutwillige Beschädigungen. Auf dem Bild sind die Stützen und Verankerungen, die dem immer noch grünenden Baumgreis ein weiteres langes Leben sichern sollen, gut zu erkennen.

Leitungen für die Festbeleuchtung entlangliefen — dem Baum selbst hatte er keinen Schaden zugefügt. Inzwischen war er nun doch recht altersschwach geworden, 1977 entschloß man sich, ihn restaurieren zu lassen. Dies ist inzwischen geschehen. Er ist nach den modernsten Erkenntnissen baumchirurgisch behandelt worden. Auf der steinernen Sitzbank um den Baum steht jetzt ein Jägerzaun, der die betagte Linde zusätzlich vor mutwilligen Beschädigungen schützen soll.

Die Bergulme bei Denkendorf

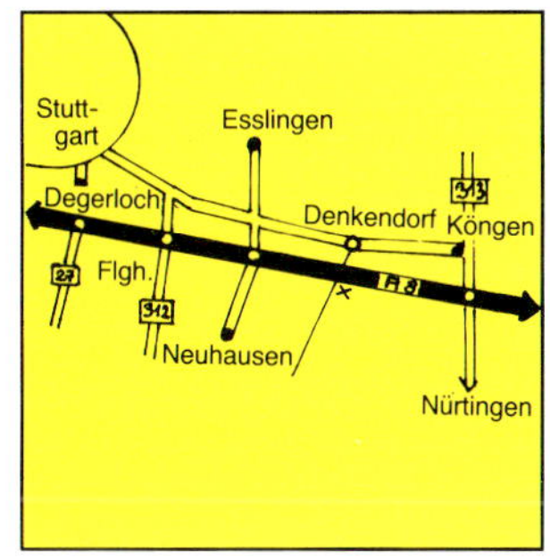

Denkendorf, etwa 25 Kilometer südöstlich von Stuttgart gelegen, ist vielen Dendrologen wegen seiner starken Bergulme seit langem wohlbekannt. Die in den dreißiger Jahren gebaute Autobahn führt an diesem Ort vorbei und überquert hart südlich der Stadt ein flaches Tal, in dem die Landstraße 1204 verläuft und in dem auch unsere Bergulme steht — stand, muß man heute sagen. Die damaligen Autobahn-Bauherren haben die Ulme stehengelassen und die Trasse an ihr vorbeigeführt. Da dieser Abschnitt in den letzten Jahren immer stärker benutzt wurde, glaubte man, ihn verbreitern zu müssen. Das Autobahnamt gab an, daß wegen zahlreicher Hindernisse (Industriebebauung, Wohnungsbau, Wassererfassungsgebiete) eine Verbreiterung auf der Nordseite ausscheiden müsse und nur eine Verbreiterung auf der Südseite der Brücke durchgeführt werden könne. Hier aber stand die Ulme.

Nach langem Kampf und vielen Auseinandersetzungen unterlagen die Naturfreunde und Beschützer der Ulme. Sie wurde am 7. 12. 1978 vom Autobahnamt gefällt.

Ein pultartiger Stumpf der Ulme, den man hier auf dem Bild sehen kann, blieb stehen. Es stellte sich heraus, daß der Baum, von kleiner Herzfäule abgesehen, vollkommen gesund war. Er hatte einen Umfang von 9, eine Höhe von 30 Metern und eine Holzmenge von 55 Erntefestmetern. Obwohl er älter geschätzt worden war, ergab die Nachprüfung, daß sein Alter 300 Jahre betrug.

Wenn man heute vor diesem Stumpf unter der neuerrichteten Autobahnbrücke steht, fühlt man nicht nur Trauer, sondern auch ein ausgesprochenes Unbehagen. Ein völlig gesunder Altbaum, noch dazu eine der so selten gewordenen Ulmen (Ulmenkrankheit), ist geopfert worden. Bedeuten Industrie, Wirtschaft, Schnelligkeit wirklich alles?

Eine gesunde alte Ulme, eine Baumart, die heute immer seltener wird, fiel dem Autobahnbau zum Opfer. Der Stumpf blieb stehen. Das Bild könnte den Titel tragen: Die Natur unterliegt (noch?) immer!

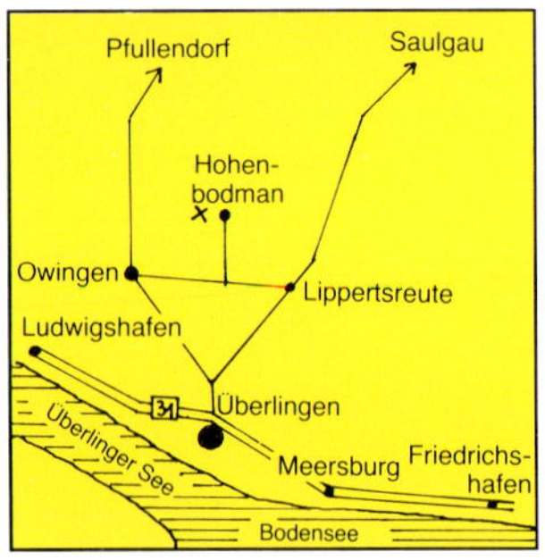

Die tausendjährige Linde in Hohenbodmann

Heute muß man sich beinahe schon wundern, daß dieser Baum — frei im Winkel einer Straßengabelung — überhaupt noch steht und nicht längst wegen ,,Unfallgefahr'' beseitigt wurde. Die Linde gehört zu den stärksten in unserem Lande, und hoffentlich hält man weiter ein wachsames Auge auf ihr Wohlbefinden.

Nur etwa sechs Kilometer Luftlinie vom Bodensee entfernt liegt dieser alte Ort. Zwei Schätze hat er aufzuweisen, die tausendjährige Linde und eine guterhaltene Burgruine aus dem 15. Jahrhundert, von deren Turm aus man einen weiten Blick über den Bodensee hat.

Die Linde gehört mit ihrem Umfang von 10,10 m zu den stärksten in unserem Lande. Leider sieht sie heute ein wenig hinfällig aus und bedürfte einer modernen Restaurierung. Vor allem haben ihr die gutgemeinten Pflegemaßnahmen früherer Jahre — eiserne Ringe — offensichtlich mehr geschadet als genutzt. Sie müßten auf alle Fälle beseitigt werden.

Sehr erfreulich ist, daß auf der am Baum vorbeiführenden Gemeindestraße der Teerbelag schon entfernt wurde und dafür gelochte Betonsteine verlegt wurden. So können die Wurzeln besser mit dem Niederschlagswasser versorgt werden, es kann auch mehr Sauerstoff in den Boden eindringen.

Frei im Winkel einer Straßengabelung steht die Linde, die Häuser sind so weit von ihr entfernt, daß sie in keiner Weise beengt wird. Bei dem recht freien Stand konnte sie gewaltige Maße entwickeln, in der Stammdicke, den überaus starken Ästen in der Krone und in der Krone selbst, die noch gut belaubt ist und 25 Meter hoch aufragt. Ein 50 cm hoher Sokkel aus Natursteinen ist etwas dicht um den Fuß herumgesetzt worden, hier kann man sich niederlassen und über das lange Leben des Baumes ins Träumen geraten.

Die Landschaft am Bodensee ist so reizvoll, daß ein Besuch von drei weiteren, nahe gelegenen Altbäumen lohnt. Am Überlinger See liegt der Haldenhof, eine Gaststätte, mit der 700jährigen ,,Burghards-Linde'', die ihren Namen nach Burghard von Hohenfels erhielt. — Burg Homburg bei Stahringen an der B 34; bei der Burg lasse man sich den Weg zur ,,Riesenbuche'' beschreiben. Sie ist ein mächtiger Baum, nicht freistehend wie die Bavaria-Buche bei Pondorf, sondern ein Altbaum am Waldrand und daher wenigstens nach einer Seite hin offen. Wahrhaftig ein riesiger Baum, dessen einzelne nach oben strebende Äste so dick und stark sind, wie sonst die Stämme von Altbuchen im Walde. — Mittelzell auf der Insel Reichenau besitzt einen lebenden Schatz: die ,,Pirmins-Linde'' vor dem Rathaus. Sie ist 800 Jahre alt, noch voll im Laub, hat einen Umfang von 7,40 m und steht inmitten der Stadt auf einem größeren Platz.

Unsere Baumveteranen auf einen Blick

Bundesland	Ort	Baumart	Angegebenes Alter/Jahre	BHU m	Höhe m
Schleswig-Holstein	Flintbek	Eibe	1000	4,50	11
	Bordesholm	Linde	600	7,20	20
Niedersachsen	Scheeßel	Linde	600	6,80	25
	Hasbruch	Eichen	1200	9,00	14
	Heede	Linde	1000	16,00	30
	Nünningen	Buche	250	5,85	20
	Frankenfeld	Ulme	300	6,35	18
	Ahlden	Eiche	1000	4,80	18
	Osnabrück	Eiche	800	6,70	18
	Königslutter	Linde	1000	11,30	12
	Raden	Buche	300	5,20	14
	Upstedt	Linde	1100	13,50	10
	Goslar	Linden	400	7,80	18
	Brüggefeld	Eichen	1000 800 750	9,60 7,20 7,10	34 32 28
	Elliehausen	Linde	750	7,80	19
	Pöhlde	Linde	1000	8,40	12
Nordrhein-Westfalen	Telgte	Linde	740	8,90	20
	Reelkirchen	Linde	1000	7,40	12
	Elbrinxen	Linde	1000	9,30	21
	Erle	Eiche	1500	14,00	12
	Xanten	Eibe	1000	1,65	8
	Gehrden	Linde	800	9,30	21
	Löwen	Linde	500	5,90	12
	Borlinghausen	Eiche	1000	10,85	11
	Priorei	Linde	1000	9,40	15
	Aachen-Forst	Linde	800	10,30	17
Hessen	Sababurg	Eichen	600	9,00	22
	Bad Sooden-Allend.	Linde	58	1,80	8
	Lischeid	Linde	1000	4,30	9
	Caldern	Ulme	300	4,40	17
	Himmelsberg	Linde	800	8,75	25
	Oberaula	Eichen	800	6,00	18
	Schenklengsfeld	Linde	1220	17,40	12
	Gladenbach	Buche	330	3,10	37

Bundesland	Ort	Baumart	Angegebenes Alter/Jahre	BHU m	Höhe m
Hessen	Roßbach	Eichen	800	7,00	18
	Wilsbach	Eiche	600	6,10	16
	Bermoll	Linde	1000	10,25	14
	Langendernbach	Linde	1000	11,10	16
	Johannesburg	Eichen	1000	6,10	29
	Waldgirmes	Eiche	800	7,70	22
	Albshausen	Eiche	850	7,80	22
	Reinborn	Linde	1000	14,30	19
	Frankfurt	Linde	300	5,00	18
	Frauenstein	Linde	600	6,80	14
	Airlenbach	Eiche	1000	8,60	16
Rheinland-Pfalz	Dausenau	Eiche	1000	7,30	21
	Endlichhofen	Eiche	400	7,00	22
	Buch	Eiche	1000	6,45	12
	Schimsheim	Ulme	1000	15,30	12
	Rehborn	Eiche	800	6,55	20
	Dannenfels	Eßkastanie	650	9,40	10
Bayern	Staffelstein	Linde	1200	24,00	25
	Limmersdorf	Linde	330	3,80	18
	Geiselwind	Eiche	1100	7,25	26
	Gößweinstein	Linde	750	7,15	25
	Effeltrich	Linde	800	8,80	8
	Kasberg	Linde	1000	16,00	12
	Burgerroth	Linde	900	12,30	12
	Hoffeld	Linde	1000	6,60	30
	Schwabach	Linde	500	7,20	18
	Kötzting	Linde	1000	16,00	16
	Pondorf	Buche	900	8,00	27
	Mönchsdeggingen	Linde	1000	8,00	20
	Wessobrunn	Linde	900	13,30	25
	Ramsau	Linde	1000	11,00	25
	Balderschwang	Eibe	2000	8,10	6
	Bärgündle-Tal	Eibe	2000	3,00	8
Baden-Württemberg	Meimsheim	Linde	1000	8,50	20
	Denkendorf	Bergulme	300	9,00	30
	Hohenbodmann	Linde	1000	10,10	25

Neuzeitliche Baumpflege

Nicht erst heutzutage sorgt man sich um die Erhaltung alter geschichtsträchtiger oder besonders schöner Bäume. Das ist schon lange so, nur drohen den Bäumen heute mehr und größere Gefahren als zu früheren Zeiten. Zu den natürlichen Bedrohungen, wie etwa den Stürmen, kommen in unserer Zeit Gefahren auf die alten Bäume zu, die vornehmlich von uns Menschen verursacht werden, Luftverunreinigungen, Gase und Gifte, Grundwasserabsenkungen, vor allem aber die Bausucht, wie in den Beschreibungen der Altbäume immer wieder zu lesen ist. Dafür haben wir jedoch Erkenntnisse gewonnen, wie man alten und kranken Bäumen besser helfen kann als noch vor wenigen Jahrzehnten. Die Baumsanierung ist zu einer Wissenschaft für sich geworden.

In diesem Kapitel über die neuzeitliche Baumpflege soll, unterstützt durch zahlreiche Bilder, ein kleiner Einblick in diese Arbeiten gegeben und gleichzeitig darauf hingewiesen werden, wie man zweckmäßig vorgeht.

Wenn ein alter Baum als erhaltungswürdig erkannt wurde und der Eigentümer, sei es ein Privatmann oder eine Gemeinde, sich moralisch verpflichtet fühlt, ihn gut zu pflegen, damit er noch lange der Nachwelt erhalten bleibt, muß zunächst eine genaue Baumuntersuchung erfolgen. Man bediene sich hierzu des Ratschlages eines wirklichen Fachmannes, deren es heute eine stattliche Anzahl gibt. Ohne bestimmten Berufsgruppen die Qualitäten für solche Beratungen absprechen zu wollen, möchte ich doch behaupten, daß Gärtner, Förster oder Landwirte hiervon nicht grundsätzlich etwas verstehen, es sei denn, sie hätten sich einer besonderen Ausbildung unterzogen. Es gibt indes einige Firmen, die sich auf die Behandlung alter Bäume, auf ,,Baumchirurgie'', spezialisiert und schon beachtliche Erfolge erzielt haben.

Baumpflegefirmen sind mit vielen Hilfsgeräten, auch teuren Maschinen, ausgerüstet.

Trotzdem ist eine Warnung gerechtfertigt. Der Titel ,,Baumchirurg'' ist nicht geschützt. Praktisch darf sich jeder, der sich nur ein wenig mit dieser Materie befaßt hat, so nennen. Eine umfangreiche Baumsanierung ist nicht billig, für das Geld sollte gute fachgerechte Arbeit erwartet und verlangt werden können. Es wird daher empfohlen, sich nur der Firmen zu bedienen, die nachweislich gute Erfolge erzielt haben. Man kann zum Beispiel die in diesem Buch als ,,behandelt'' beschriebenen Bäume heraussuchen und die zuständige Gemeinde um den Namen der Firma und gleichzeitig eine Beurteilung der durchgeführten Maßnahmen bitten. Die üblen Folgen unsachgemäßer Baumbehandlung können in dem Abschnitt über die Kunigundenlinde zu Kasberg nachgelesen werden, ein weiteres Beispiel wurde kürzlich bekannt: Eine offensichtlich unerfahrene Firma erhielt von der Gemeindevertretung den Auftrag zu einer Baumsanierung. Als dann mit Motorsägen an völlig gesundem Holz herumgeschnitten wurde, empörte sich die Bevölkerung. Daraufhin trafen der Bürgermeister, ein Forstbeamter, der Kreisnaturschutzbeauftragte und einige andere Personen an Ort und Stelle ein; alle waren natürlich überfragt, sie waren keine Fachleute für Baumsanierungen. Also wurde weitergearbeitet und schließlich für völlig nutzlose, vielleicht sogar baumschädliche Arbeit ein Betrag von 12 000 DM kassiert.

Eine fachlich qualifizierte Firma bringt nicht nur geschultes Personal zur Durchführung der geplanten Arbeiten mit, sondern verfügt auch über das Material, das zur Sanierung notwendig ist. Auf keinen Fall soll man glauben, daß eigenes Personal, etwa städtische

Arbeiter, Parkwächter oder Waldarbeiter, solche Arbeiten durchführen kann. Die Firmen werden allerdings, um allzu hohe Kosten etwas zu reduzieren, immer damit einverstanden sein, daß Hilfsdienste angeboten werden. Ein Arbeitsplan und ein genauer Kostenvoranschlag sollten immer angefordert werden.

Arbeiten, die nach der genauen Besichtigung und Beurteilung und der Auftragserteilung durchgeführt werden, sollen im folgenden Text kurz beschrieben werden, damit man diesen Katalog gewissermaßen als Muster für einen Arbeitsvertrag zwischen Baumeigentümer und Baumpflegefirma benutzen kann.

Im allgemeinen beginnt man damit, alles zu beseitigen, was den Baum behindert, drückt oder scheuert, etwa Plattformen, Tanzböden, Sitze, Leitern, Bänke, Schilder oder andere Dinge, die in der Krone oder am Stamm befestigt waren. Außerdem werden alle trokkenen Äste entfernt, manchmal auch ein Teil der grünen Äste, um die Symmetrie der Kronenform wiederherzustellen. Oft kann ein alter Baum die zu große Krone bei Winddruck gar nicht mehr zusammenhalten, so daß Astausbrüche mit Stammverletzungen drohen.

Eiserne Ringe, die um Stamm oder Äste gelegt waren, müssen abgenommen werden. Früher benutzte man sie, um den Stamm nicht aufreißen zu lassen oder mächtige Baumgabeln zusammenzuhalten, sie sind aber immer schädlich und versetzen dem Baum den endgültigen Todesstoß. Die Ringe werden nämlich durch das Dickenwachstum

Links und unten: Hier wurden Löcher mit Ziegelsteinen und Zement zugemauert. Diese gutgemeinte Maßnahme schadet mehr als sie nützt. Man wußte es früher nicht besser. Eine feste Verbindung zwischen lebendigem Holz und Zement gibt es nicht, durch die Ritzen dringen Fäulnisbakterien und Pilze, die man zu spät bemerkt.

Links innen: Eiserne Ringe um Stamm und Äste schnüren dem weiterwachsenden Baum den Saftstrom in den Leitröhren ab und bringen ihm schließlich den Tod.

Links: Bei einem großen Baum mit schweren Ästen fallen die als Halterungen eingeschraubten Stahlseile kaum auf.

Rechts: Ein Musterbeispiel für die fachgerechte Behandlung eines Astausbruchs an einer Esche. Der Hohlraum wurde gesäubert, mit pilzabwehrenden Mitteln gebeizt und mit Lac-Balsam abgedeckt. Die Wundränder sind glatt gehobelt und geschliffen und münden unten in eine schräge Rinne, die eingedrungenes Wasser sofort abfließen läßt. Zwei Gewindestäbe halten den Holzkörper zusammen; die jetzt noch sichtbaren Muttern werden bald überwallt sein.

des Baumes schließlich so eng, daß die von den Blättern herunterkommenden Assimilate an den einschnürenden Ringstellen gestoppt werden und das tiefer liegende Stammstück und die Wurzeln nicht mehr erreichen. Die Teile werden nicht mehr ernährt, sterben ab, und bei fortschreitendem Prozeß geht der ganze Baum zugrunde.

Plomben aus Mauersteinen oder Zement in Höhlungen des Stamms oder der Äste, ganz gleich ob groß oder klein, müssen ebenfalls entfernt werden. Auch sie waren in hilfreicher Absicht angebracht worden, man wußte es früher nicht besser. Sie schaden dem Baum aber auf die Dauer, weil sich zwischen ihnen und dem Holz keine feste Verbindung herstellen läßt, zumal sich der Baum bei Wind bewegt. Der Zwischenraum zwischen Holz und Plombe wird immer größer und zum behüteten, wenn auch unsichtbaren Tummelplatz für holzzerstörende Pilze und Insekten. Von dieser Stelle gehen die größten Schädigungen des Baumes aus, weil die Plomben ein frühzeitiges Erkennen und Behandeln verhindern.

Gemauerte Stützen, auf denen schwere Äste in breiter Auflagefläche liegen, begünstigen gerade an dieser Stelle das Faulen des Holzes. Der Grund ist der gleiche wie bei den Plomben. Soll der Ast, der bisher eine solche Stütze hatte, auf jeden Fall erhalten bleiben, hilft nur eine eiserne Stütze, die an der Spitze in einen dünnen Stahlstab übergeht und mit Gewinde in den Ast eingeschraubt wird.

Die Äste der großen und schweren Krone müssen gegen Ausbrüche durch Sturm oder Schneelast untereinander mit Stahlseilen verspannt werden, die statisch wie auch biologisch richtig angebracht sein müssen. Diese Seile werden an Gewindestäben, die durch die Äste gebohrt sind, befestigt. Auf diese Weise erhält die Krone eine im Winde freibewegliche Aufhängung. In besonderen

Gemauerte Stützen für schwere Äste sind schädlich, weil das Holz an der Auflagefläche fault. Heute verwendet man Stahlstützen.

Fällen, wenn etwa bei sehr alten Bäumen der innere Kern vergangen ist — bei Linden fast immer der Fall —, wird im Zentralpunkt des Stammes ein Mast aus nichtrostendem Stahl errichtet, zu dem alle Seile der Astanker hingeführt werden.

Alles tote und faule Holz wird bis in das gesunde Holz hinein ausgeschnitten, das dann mit pilzabwehrenden Mitteln gebeizt und mit künstlicher Rinde (Lacbalsam und Lacbalsam-Vlies) in graugrüner Farbe abgedeckt wird. Wenn der natürliche Zusammenhalt des Stammes durch das Vergehen des Kernes verlorenging, kann er künstlich wiederhergestellt werden. Man bohrt Gewindestäbe quer durch die Baumwände und zieht sie außen mit Muttern auf Unterlegscheiben fest. Sie wachsen bald ein.

Bei Astausbrüchen muß auch das Innere der Hohlräume gesäubert werden. Die Ausbruchkanten werden geglättet und wie oben beschrieben behandelt; die Unterkante wird so geschnitten, daß sie schräg nach außen abfällt, damit das eingedrungene Wasser nicht stehenbleibt, sondern durch die sichtbare Rinne nach außen abfließt. Dies ist ein allgemeiner Pflegegrundsatz: Niederschlagswasser muß immer ablaufen können und darf niemals im Stamm oder in den Ästen stehenbleiben, notfalls müssen sogar durch das Holz hindurch metallene Abflußrinnen gelegt werden.

Wichtig ist auch, daß alle Hohlräume offenbleiben. Die Luftzirkulation ist das beste Mittel gegen Pilzbefall. Höhlungen im unteren Stammbereich sollten unbedingt durch Gitter gegen ein Betreten geschützt werden. Immer wieder kommt es vor, daß Kinder hier ein Feuer entzünden, außerdem sieht es recht unästhetisch aus, wenn sich an dieser Stelle Unrat sammelt.

Bei sehr alten Bäumen, vor allem Linden, steht oft nur noch ein Teil der äußeren Stammwände. An der Stelle des längst vergangenen Inneren ist jetzt ein Stahlmast errichtet, zu dem alle Astanker hinführen.

An diesen beiden immer noch lebendigen Baumruinen erkennt man gut die Stahlstäbe, die die Außenschalen zusammenhalten, außerdem die sauber behandelten Wundränder.

Links: In diesem so herrlich geeigneten Loch wollten Kinder ein Feuer machen, das aber zum Glück bald erlosch. Ein Gitter hätte sie gar nicht erst in Versuchung gebracht.

Rechts: Der hohle Baum wurde vorbildlich mit einem engen Gitter gegen Beschädigung und die Ansammlung von Unrat verschlossen. Auch viele Gewindestäbe sind zu erkennen, die den Baum vor dem Auseinanderfallen bewahren. Wichtig ist, daß alle Hohlräume offen bleiben, damit die Luftzirkulation gewährleistet bleibt.

Zum Schluß der Arbeiten erfolgt eine Tiefenvorratsfütterung, eine Düngung mit Langzeitwirkung. In Abständen von etwa 75 cm werden 5 cm weite und etwa 50 cm tiefe Löcher in die Erde gebohrt und mit einem Spezialwurzelfutter gefüllt, das langsam und stetig wie eine Standortverbesserung wirkt. Diese Düngungslöcher sollen aber nicht unter der Krone liegen, sondern etwa drei Meter jenseits des Traufrandes, weil sich dort die empfindlichen Saugwurzeln befinden.
Zusätzliche Hilfe kann einem alten Baum gewährt werden, wenn seine unmittelbare Umgebung vor allzu vielem Betreten geschützt wird. Auf die Dauer verdichtet sich der Boden so stark, daß eine gute Belüftung nicht mehr gegeben ist. Ein Zaun oder eine andere Barriere braucht durchaus nicht immer gebaut zu werden. Es genügt, wo dies möglich ist, eine etwa 10 cm dicke Schicht aus faustgroßen hellen Kieseln mit einer leichten kreisförmigen Einfassung. Das sieht nicht nur hübsch aus, sondern gewährt auch Wasserdurchlässigkeit und hindert viele Menschen am Betreten der Fläche.
Ein Hinweis darf nicht fehlen, obwohl er nicht unmittelbar als Baumsanierung bezeichnet werden kann. Es handelt sich um die Baumscheiben, die fast überall zu klein sind. Besonders in Städten — siehe die Eibe in Xanten — sieht man, daß den Baumwurzeln kaum Luft zum Atmen gelassen wurde und daß auch kein Niederschlag zu ihnen eindringen kann. Das Pflaster, meist sogar geteert, deckt sie fast gänzlich zu. Die in der Erde lebenden Kleinorganismen sterben wie die Wurzeln ab. Ohne Verlust an Fläche für Bürgersteige oder Parkplätze können heute Hartrasenplatten oder Rasenkammerplatten um die Bäume verlegt werden. Dies sind Betonplatten mit sogenannten Humuskammern, durch die Niederschlag und Sauerstoff in den Boden eindringen können. Das Ideal, ein großer freier Erdraum unter den Bäumen, ist selbstverständlich in Städten heutzutage nicht mehr möglich.
Ist ein alter Baum nach all den vorher beschriebenen Gesichtspunkten behandelt worden, hat er die Chance, sich nicht nur zu erhalten, sondern sich auch verstärkt zu begrünen, neue Triebe zu schieben und sogar wieder zu blühen und Früchte zu tragen. Viele Bäume haben schon eine solche Sanierung erfahren. Die Kosten waren nicht gering, wurden aber — oft auf mehrere Schultern verteilt — dennoch aufgebracht. Hoffentlich kann bald noch so manchem Baumveteranen, der eine Sanierung dringend nötig hätte, geholfen werden. Viele Menschen, die an unseren würdevollen Altbäumen hängen, würden sicherlich gern ihr Scherflein beisteuern.

Abschließend ein Bericht der Firma Maurer über die Arbeiten, die sie an der Linde von Schenklengsfeld durchführte und die beispielhaft für viele sind:

„Ich darf vorausschicken, daß der Zustand der Linde nicht gut war, obwohl man sich auch in der Vergangenheit um den Baum sorgte. Der wesentlichste Vorteil bestand darin, daß man die Höhlungen des Baumes nicht mit Beton und Mauerwerk gefüllt hatte. Dadurch bestand die natürliche Möglichkeit, den Pilzfraß zu hemmen, denn die Wechselwirkung von warm auf kalt, von feucht auf trocken und den steten Luftzug vertragen die holzzerstörenden Pilze nicht. Dies hatte zur Folge, daß der Grad der Verpilzung am empfindlichen Weichholz der Linde langsamer vor sich ging. Ganz deutlich und klar muß festgestellt werden, daß die Sanierung der Linde ‚fünf vor zwölf' erfolgte. Hätte man noch einige Jahre gewartet, die Sanierung wäre sehr fraglich geworden, d. h. ein Erfolg wäre kaum möglich gewesen. Die Kosten hätten eine solche Höhe erreicht, daß man zu Recht gefragt hätte, ob dies angemessen sei.

1. Das einer Stufe entwachsene Kronengefüge mußte beschnitten werden, wobei allerdings mit größter Sorgfalt gearbeitet werden mußte; denn das Ausmaß einer gesunden, den Erfordernissen entsprechenden Laubmasse entscheidet über die physiologischen Vorgänge im Lebewesen Baum, über den Erfolg der Arbeiten. Kurz gesagt, alles verkümmernde, überzählige und auch trockene Astwerk und Gezweig wurde ausgesägt. Auch die starken, senkrechten und im Wind stehenden Ständer wurden gemäß den Anforderungen beschnitten, um die Hebelwirkung und die Gefahr des Ausschlitzens zu mindern. Alle Schnittflächen, auch die kleinsten, wurden mit Lacbalsam — künstlicher Rinde — belegt. Nur dadurch kann erreicht werden, daß die Wundflächen völlig vernarben. Der Begriff ‚fach- und baumgerechter Kronenschnitt' mag sehr einfach klingen, die Maßnahmen hierzu sind allerdings schwieriger, als man gerne glaubt oder glauben machen möchte. Gerade bei den Schnittmaßnahmen werden meist sehr bedeutende Fehler begangen. Normalerweise sollten die Schnittarbeiten so ausgeführt sein, daß sie ein Außenstehender nicht oder nur schwer erkennen kann.

2. Da ein Großteil der neuen Stämmlinge dem tragenden Holzgerüst entwachsen ist, aber auf ausfaulenden, morschen Basen steht, war es erforderlich, die stärksten und bruchgefährdetsten gegenseitig zu verankern. Dies geschah nicht mit den üblichen Streben oder Stangen, sondern mittels eines beweglichen und effektiven Systems. Ich muß anerkennen, daß man sich mit den alten Verstrebungsankerungen viel Mühe gab und diese auch oft statisch günstig einbaute, aber biologisch waren sie stets falsch. Da ja bekanntlich die belebten, aktiven Zellen um

Die Ursache zum Tod dieser Eiche war ein Brand. Kinder hatten im hohlen Stamm ein Feuer entfacht, die Funken stiegen im Stamm wie in einem Kamin nach oben und entzündeten den Mulm. Der Baum brannte aus und starb. Aus Sicherheitsgründen mußte er gefällt werden. Ein Gitter vor dem hohlen Stamm hätte das Unglück mit Sicherheit verhindert.

Bevor man einen Baum pflanzt, soll man sich überlegen, ob der Platz geeignet ist, ob die große Krone später das Haus nicht zu sehr beschattet oder bei Sturm sogar bedrohen könnte. Das nebenstehende Bild ist ein Musterbeispiel dafür, wie es nicht sein sollte, eine Anklage menschlicher Gefühllosigkeit gegenüber gewachsener Natur. Oder war nur das Laubkehren zu lästig?

das Kernholz bzw. Saftholz liegen, wurden die saftführenden Partien, Rinde und Kambium, durch die eisernen Ringe und Schlaudern allmählich eingeschnürt, ja sogar abgewürgt. Die gut gemeinten Maßnahmen verkehrten sich ins Gegenteil und schädigten die Bäume mehr als sie ihnen nützten. Aus dieser Erkenntnis heraus mußte also ein Verankerungssystem eingebaut werden, welches der Statik nützte und auch den Lebensvorgängen im Holz entsprach. Diese beiden wichtigen Maßgaben lassen sich nur dadurch verwirklichen, daß die Stämmlinge zentral durchbohrt werden und dann der Einbau eines Ösenbolzens mit Gegenverschraubung möglich ist. Die aus der Bohrung resultierende Schwächung bzw. der Verlust an belebten Zellen ist so minimal, daß innerhalb kurzer Zeit der Eingriff vernarbt. Die Erfahrung zeigt, daß die Wundfläche meist innerhalb einer Vegetationsperiode verheilt. Durch baumchirurgische Versorgung kann in der Zwischenzeit auch keine Verpilzung einsetzen. An den baum- und lebensgerecht eingesetzten Bolzen werden die Stahlseile befestigt. Es wurde ein geschlossenes Ankersystem von insgesamt 12 Ankern erstellt. Der wesentliche Vorteil dieser Verankerung liegt darin, daß sich die einzelnen Kronenteile im Sturm selbst auspendeln können, aber an zu weiter Ausschwingung (= Bruch) gehindert werden.

3. Alle vorhandenen Faulherde und Wundflächen wurden baumchirurgisch versorgt. Dies bedeutet, daß die Morschungen genau abgegrenzt und geöffnet wurden und zwar so, daß die Wundränder günstig in den Saftleitbahnen liegen. Nur dadurch wird erreicht, daß sich neue Zellen und allmählich ein Kalluswulst bilden. Alles verpilzte und morsche Holz mußte bis auf völlig gesunde Basis abgestemmt werden. Es waren an 30 qm Holzfläche mechanisch zu glätten, zu behandeln. Von größter Wichtigkeit war dabei, daß diese Arbeiten äußerst gewissenhaft ausgeführt werden mußten, denn der Verbleib eines Pilzmyzels oder einer Pilzhyphe würde die gesamte Behandlung wieder in Frage stellen. Sie wären Ausgangspunkt einer neuerlichen Verpilzung. Eine alte Weisheit ist: je gründlicher und glatter der Holzkörper versorgt wird, desto geringer ist die Gefahr einer neuen Infektion.

Der so mechanisch vorbehandelte, blanke Holzkörper wurde vorsorglich zusätzlich mit einem chemischen Mittel pilzwehrend getränkt. Bei dieser Maßnahme kommt es darauf an, daß das Imprägnierungsmittel eine neue Verpilzung/Morschung verhindert. Das Mittel darf aber nicht so ‚scharf' sein, daß es in die durchsafteten Zellen eindringt und über den Kreislauf den Baum schädigt. Nach erfolgter pilzwehrender Versorgung des Holzkörpers wurde dieser mit Lacbalsam und Lacbalsam-Vlies wetterfest belegt. Nur diese ‚künstliche Rinde' gewährleistet meiner Meinung nach, daß das Holz hinreichend geschützt wird, denn nur Lacbalsam bzw. Lacbalsam-Vlies erfüllen annähernd alle Forderungen eines baumgerechten Wundverschlußmittels. ‚Lacbalsam' verklebt nicht mit dem anstehenden Holz, sondern trocknet nur gummielastisch auf. Deshalb reißt auch die Wundhaut bei Volumenschwankungen des Holzes nicht, sondern schützt den Holzkörper gleichbleibend.

4. Zur Verstärkung der gehöhlten Stamm- und Astschalen wurden Stabilisierungsstäbe quer zu den Höhlungen und Öffnungen eingebaut. Der Einbau der Stabilisierungsbolzen setzt Wissen um die Statik und viel Erfahrung voraus, denn diese Maßnahme entscheidet über die Spannkraft und Tragfähigkeit der betreffenden Baumteile. Nur durch diese an sich nicht einfache Arbeit kann die Ringkraft der Ast-, Stammschalen wieder geschlossen werden. Die Stabilisierung des Baumes ist genauso wichtig wie die baumchirurgische Behandlung selbst, denn ohne hinreichende Versteifung müssen die schwachen Holzteile bei Belastung bersten oder brechen. Es wurden insgesamt 25 Stabilisierungsbolzen diverser Stärken und Längen eingezogen.

5. Zur Ergänzung der gesamten Maßnahmen war es notwendig, der Linde sozusagen eine ‚Aufbaukost' zu verabreichen, denn der zwar offene Wurzelbereich innerhalb der Steineinfassung war leergefressen, das Nährstoffangebot verbraucht. Es wurde deshalb eine Tiefenvorratsfütterung mit ‚Maurers Baumfutter' eingebracht. Nicht nur die speziell abgestimmte Nährstoffzufuhr wirkt sich vorteilhaft aus, sondern auch die Bodenbelüftung. Die Einbringung des Baumfutters über Fütterungslöcher von etwa 5 cm Durchmesser und bis 60 cm Tiefe bewirkt eine Regeneration und Aktivierung des Wurzel- und Bodenlebens. Durch die Tiefenvorratsfütterung wird erreicht, daß sich der Baum auf natürliche Art und Weise verstärkt.

Abschließend darf ich feststellen, daß alles zur Rettung und Erhaltung der ‚Schenklengsfelder-Linde' getan wurde, so daß sich die Gemeinde und Bevölkerung um das ‚Lindenblütenfest', das alle zwei Jahre gefeiert wird, nicht sorgen muß und es noch weitere Generationen abhalten können."

Quellennachweis

Es war nicht immer leicht, genaue Daten über Alter und Geschichte unserer Baumveteranen zu erfahren. Auch das lange Stöbern in alten Büchern, Zeitschriften und Archiven brachte mich oft nicht zum Ziel, weil über viele Bäume nichts Schriftliches überliefert wurde. Hinzu kam, daß nach der Gebietsreform Verwaltungsstellen und damit auch Akten und Archive manchmal in andere Orte übersiedelten und hier das Auffinden so spezieller Unterlagen trotz hilfreicher Unterstützung manchmal Schwierigkeiten bereitete.
Es folgt ein Verzeichnis der Schriften, die mir — außer mündlichen Auskünften — zum Erfolg verhalfen.

Bücher

Bauer-Zimmermann, Wald in Zahlen, BLV-Verlagsanstalt m.b.H., München, 1963
Berg, Botanik, Verlag Eugen Ulmer, Stuttgart, 1972
Bernatzky, Baumchirurgie — Baumpflege, Selbstverlag, Frankfurt, 1979
Bernatzky, Baum und Mensch, Verlag Dr. W. Kramer, Frankfurt, 1973
Deutsche Dendrologische Gesellschaft, Jahrbücher, Göttingen, 1930
Gomber und Gierhard, Chronik von Bermoll, 1950
Heimatbuch, Das Landecker Amt im Kreise Hersfeld, Gemeinde, 1960
Högler, Die Kunigunden-Linde, Verlag Schnelldruck Wingenfeld, Ochsenfurt, 1977
Kolbe, Königslutter und seine Umgebung, Verlag Hans Oeding, Braunschweig, 1972
Krüssmann, Die Nadelgehölze, Verlag Paul Parey, Berlin, 1960
Ministerium für Landwirtschaft und Forsten, Forstbotanisches Merkbuch Provinz Hannover, 1907
Neger/Münch, Die Nadelgehölze, Verlag Walter de Gruyter & Co., Berlin, 1952
Neumann, Försterlehrbuch, Verlag J. Neumann, Neudamm, 1922
Ritter und Stadelmann, Otto Fürst v. Bismarck, Deutsche Verlagsgesellschaft, Berlin, 1932
Pflanzenlexikon, Rowohlt-Taschenbuch Verlag GmbH., Hamburg, 1969
Schoenichen, Unter den Bäumen einer alten Reichsstadt, Verlag M. u. H. Schaper, Hannover, 1952
Schwappach, Forst-Wörterbuch, Verlag J. Neumann, Neudamm, 1923
Staffelstein, Archiv der Stadt, 1978
Stützer, Die größten und sonst merkwürdigen Bäume Bayerns, Verlag Piloty und Löhle, München, 1900

Zeitschriften — Zeitungen — Broschüren — Prospekte

Baum-Zeitung, Frankfurt am Main
Bosse, Die Süntelbuche, Mitteilungen des Heimatbundes der Grafschaft Schaumburg, Schaumburger Heimat, 1975
Braun, Die tausendjährige Linde, Chronik von Frauenstein, 1821
Curschmann, Mitteilungsblatt zur rheinhessischen Landeskunde, Mainz, 1965
Grünflächenamt der Stadt Osnabrück, 1978
Heep, Langendernbach, Dornburg-Rundschau, Dornburg, 1977
Kastner, Kirche zu Bordesholm, Heimatverlag Bordesholm, 1925
Kotz, Chronik von Effeltrich, 1960
Krauß, Schwabacher Heimat, Schwabacher Tagblatt, 1963
Männer, Limmersdorfer Tanzlinde, Thurnau, 1969
Neuß, Kunigundenlinde-Burgerroth, Selbstverlag, Höchberg, 1979
Partsch, Eibe zu Balderschwang, Allgäuer Zeitung, 1975
Schmidt, Archivarin in Waldgirmes, 1978
Schmidt, Lischeid und seine Geschichte, 1954
Seidel, Forstwissenschaftliches Zentralblatt, Jahrg. 1879
Sieghardt, Fränkische Schweiz, Glock und Lutz Verlag, Heroldsberg, 1970

Zu den Fotos

Ein Baum ist ein Lebewesen, und die in diesem Buch versammelten Altbäume gehören zu den ältesten ihrer Art. Mein Anliegen war es, sie im Bild festzuhalten, sie wenigstens im Farbfoto der Nachwelt zu überliefern, denn schon morgen kann es zu spät sein, können Sturm oder Menschenhand sie vernichten.
Die Gestalt der Bäume erzwingt das Hochformat. Nur ganz selten, wenn etwa der massige Fuß eines Stammes mit seinen gewaltigen Wurzelanläufen besonders beeindruckt, kann ein Querformat in Frage kommen. Es ist nicht unbedingt erforderlich, auch die obersten kleinen Zweige und die äußersten Zweigspitzen mit in das Bild zu bringen. Dazu müßte man sich zu weit von dem Baum entfernen, und Feinheiten wären nicht mehr zu erkennen. Auch die Wucht und Stärke der Altbäume, die aus der Nähe so oft eine tiefe Ehrfurcht erwecken, hätten ihre Wirkung verloren.
Nun ist es oft unmöglich, Krone und Fuß eines Baumes in gleichmäßiger Beleuchtung auf ein Bild zu bringen, weil die Krone in vollem Licht steht, der Stamm aber, von der Krone beschattet, im tiefsten Dunkel bleibt.
Da gibt es zwei Auswege. Entweder muß die Aufnahme zur laublosen Winterzeit gemacht werden, oder am frühen Morgen oder späten Abend, wenn die Sonne so schräg steht, daß auch der Stamm noch beleuchtet wird. Bei besonders ausladenden Laubbäumen bleibt der Stamm jedoch meist den ganzen Sommer hindurch im Schatten.
Die Aufnahmen von Laubbäumen im Winter sind häufig die schönsten geworden, besonders bei leichtem Frost, wenig Schnee und klarblauem Himmel. Man erkennt hier all die Feinheiten, die starken Äste, das Gewirr der Zweige, die Rinde, die Wülste, Astlöcher und Knospen. Diesen Bildern fehlt indes der Eindruck üppiger Sommerpracht, der von den frischgrünen riesigen Baumkronen ausgeht. Die Schönheit eines Baumes kann nur dann ganz wiedergegeben werden, wenn man ihn im Frühlingsschmuck, im Sommerkleid, im bunten Herbstgewand und in seiner nackten Silhouette im Winter zeigt.
Um aber jeden alten Baum vom Norden bis zum Süden unseres Landes zu jeder Jahreszeit zu besuchen, hätte es vieler Jahre bedurft, denn der Wettergott spielt in unseren Breiten nicht immer mit, und bei regenverhangenem Himmel fehlt das Spiel des Sonnenlichts auf Nadeln oder Blättern. Es war ohnehin nicht möglich, manchmal tagelang auf einen Sonnenstrahl zu warten.
Um der Schönheit unserer Uraltbäume dennoch gerecht werden zu können, wählte ich wegen ihrer Qualität und leichten Handhabung die Leica M 2, und weil ich möglichst nahe am Objekt bleiben mußte, das Weitwinkelobjektiv Summicron 1 : 2/35 mm. Der Farbumkehrfilm CT 18 brachte die natürliche Wiedergabe der Farben. Mit dieser Ausstattung konnte ich unseren Baumveteranen ein Denkmal setzen und hoffe, daß nicht nur viele Menschen Freude daran haben, sondern daß auch Anstöße gegeben werden, anderen alten Bäumen die gebührende Achtung zu zollen.